Het dorp Mabombola

Het dorp Mabombola

Vestiging, verwantschap en huwelijk
in de sociale organisatie van de
Nkoya van Zambia

door Wim van Binsbergen

PIP-TraCS – Papers in Intercultural Philosophy and Transcontinental Comparative Studies – No. 15

Papers in Intercultural Philosophy and Transcontinental Comparative Studies is a publikatie-initiatief van:

Quest: An African Journal of Philosophy / Revue Africaine de Philosophie

delen in deze serie zijn vrij beschikbaar op het Internet op: http://www.quest-journal.net/PIP/index.htm .
zie ook die webpagina voor nformatie over de serie als geheel, aanwijzingen voor auteurs, en het bestellen van exemplaren

Papers in Intercultural Philosophy and Transcontinental Comparative Studies, en *Quest: An African Journal of Philosophy / Revue Africaine de Philosophie*, worden gepubliceerd door Uitgeverij Shikanda, Haarlem, Nederland

ISBN 978-90-78382-20-1

NUR-code: 764; NUR-omschrijving: *Sociale en historische antropologie*

Omslagillustratie: Het dorp Mabombola op de zuidelijke oever van de Njonjolo-rivier, Kaoma-district, Zambia (2011), gefotografeerd vanaf het vorstenhof van *Mwene* Kahare op de noordoever – © 2014 Wim van Binsbergen

*Iyatikitiwile na ba Tatashikanda kuli ba ushinda
bendi ba ku Njonjolo na ku Kazo*

tukukambilileko shikuma

Voorwoord

De internationale oriëntatie van het Nederlands Afrika-onderzoek heeft gemaakt dat de vele honderden pagina's wetenschappelijke tekst die ik over het Nkoya-volk van Westelijk Zambia heb gepubliceerd in de loop van tweeënveertig jaar van nauwe verbondenheid met hen, vrijwel alle in het Engels gesteld zijn. Enkele zijn in het Nkoya. In mijn moedertaal, het Nederlands, heb ik hoofdzakelijk enige gedichten en verhalen gepubliceerd wortelend in deze lange en voor mij beslissende onderzoeksinspanning. Steeds meer is in de hedendaagse wetenschapsproductie in Nederland de aandacht komen te liggen op het verwerven van internationale trofeeën die tot institutionele macht, aanzien en fondsen moeten leiden. Ik heb mij daarin niet onbetuigd gelaten. Niettemin is het bemiddelen van kennis over de ene cultuur naar de andere altijd een centrale doelstelling van de culturele antropologie geweest, en waar dit vak zich nog steeds gedeeltelijk profileert als het bestuderen van historische verbanden van identiteit, ligt het voor de hand dat de onderzoeker de verworven kennis over een andere cultuur ook naar de eigen cultuur wil bemiddelen. Vandaar dat ik deze korte Nederlandse etnografie hier het licht doe zien, voor de verandering – tenslotte ben ik met pensioen – maar eens geen voetval meer makend voor een conventie die mij in het Engelstalige buitenland een veel groter publiek en weerklank heeft opgeleverd dan in eigen land.

Dit vertoog is in eerste instantie gebaseerd op uit eigen middelen gefinancierd intensief veldwerk op het platteland van oostelijk Kaoma-district, Zambia, 1973-1974, aangevuld met verspreide observaties en interviews tijdens vele (gemiddeld bijna jaarlijkse) vervolgbezoeken tussen 1977 en 2011. Het werd in concept geschreven in 1989-1991, in het Nederlands omdat dat paste in mijn plan voor een vooralsnog niet verschenen Afrikanistisch boek in die taal. In het betoog werd geïncorporeerd een lezing door mij als vertegenwoordiger van het Afrika-Studiecentrum uitgesproken bij de opening van het Pieter de la Courtgebouw van de Faculteit der Sociale Wetenschappen, Universiteit Leiden, in 1990 (vgl. van Binsbergen 1991a). Het stuk is vervolgens blijven liggen omdat ik, als gevolg van mijn veldwerk in stedelijk Botswana vanaf 1988, en de nasleep daarvan (in de vorm van mijn Afrikaans mediumschap, transcontinentaal vergelijkend onderzoek van divinatie en mythologie, en overgang naar de interculturele filosofie), mijn aandacht overwegend richtte op andere onderwerpen dan de Nkoya. Het afgeronde betoog kwam tot stand in 2011, en werd herzien tot zijn huidige vorm in 2014.

Voor onschatbare bijdragen aan mijn Nkoya-onderzoek ben ik onder meer de volgende personen en instellingen erkentelijk: de University of Zambia en haar Institute of African Studies; het volkshoofd *Mwene* Kahare Kabambi (onze nauwe adoptieband manifestteerde zich onder meer in het erven van de naam van zijn vrouwelijke voorouder door mijn dochter Shikanda, terwijl ik zelf, als *Mwanamwene*, zijn vorstelijke pijl en boog erfde bij zijn dood in 1993; mijn voortreffelijke onderzoeksassistent de Heer Dennis Shiyowe, spoedig mijn *yaya* ('oudere broer') en thans *Mwene* Shumbanyama (onze nauwe adoptieband weerspiegelt zich in de naam van mijn jongste zoon); mijn eerste echtgenote Henny E. van Rijn en onze dochter Nezjma; de inwoners van de valleien Njonjolo en Kazo; en mijn voortreffelijke leermeesters in de antropologie aan de Universiteit van Amsterdam tijdens mijn studie in de jaren 1964-1971. Voor vaardigheden geassocieerd met de analyse van verwantschap en vestigingspatroon aan de hand van dorpscensus, kaart en genealogie ben ik vooral erkentelijkheid verschuldigd aan Klaas van der Veen en wijlen Douwe Jongmans, de supervisoren van mijn eerste veldwerk, in Tunesië, 1968. Mijn voornaamste leermeester in de antropologie, André Köbben, wiens voorbeeld in deze studie veel duidelijker is te herkennen dan in enige andere tekst van mijn hand over de laatste paar decennia, bezorgde mij na mijn terugkeer uit Zambia in 1974 een beurs voor een jaar uitwerken vanwege de Stichting Wetenschappelijk Onderzoek in de Tropen (WOTRO, een afdeling van de Stichting voor Zuiver Wetenschappelijk Onderzoek ZWO thans NWO), in het kader waarvan de basis voor de onderhavige studie werd gelegd. Voor bijdragen aan later, voortgezet onderzoek onder de Nkoya ben ik bovendien vooral dankbaarheid verschuldigd aan het Afrika-Studiecentrum, Leiden, aan mijn huidige echtgenote Patricia van Binsbergen, en aan de Kazanga Cultural Association.

Het etnografisch heden in dit betoog is de eerste helft van de jaren 1970, waar nodig en waar mogelijk uitdrukkelijk geactualiseerd tot begin jaren 2010. Het theoretisch kader van dit op min of meer klassieke sociaal-antropologische leest geschoeide vertoog wordt hier slechts summier aangegeven – het wordt uitvoeriger behandeld in mijn andere Nkoya publicaties, waarvan een tamelijk volledige bibliografie is opgenomen aan het eind van deze studie; die publicaties zijn ook overwegend op het Internet beschikbaar, met name op mijn webpagina www.shikanda.net. Het is goed gebruik in de klassieke etnografie, met name die van de Manchester School, om de namen van personen in *case studies* door pseudonymen te vervangen – waarbij men een half-om-half mengsel toepast van Bijbelse namen en hedendaagse Engelse voornamen. Van deze praktijk is in deze studie afgeweken en de werkelijke namen van de protagonisten zijn gebruikt – het materiaal is veertig jaar oud, er wordt nauwelijks confidentiële informatie meegedeeld, en de meeste betrokken personen zijn al lang niet meer in leven; bovendien is deze studie gesteld in een voor vrijwel alle Nkoya ontoegankelijke Europese taal. In de tekst en de genealogieën zijn de protagonisten genummerd en hun namen zijn ook (maar overwegend zonder nummer) in het register opgenomen

Wie mijn werk van de laatste kwart eeuw enigszins gevolgd heeft, zal verbaasd zijn over mijn incidentele terugkeer, met deze studie, tot wat eens de thema's van *mainstream* antropologie waren – verwantschap, huwelijk en vestigingspatroon. Gezien het onmisken-

7

baar inzichtgevend karakter van deze thema's in de sociale structuur en dynamiek van dorpen en stadswijken ook onder hedendaagse condities van globalisering en perifeer-kapitalistische productieverhoudingen, is het enigszins te betreuren dat tegenwoordige antropologiestudenten veel minder gedrild worden in verwantschapsstudie dan een halve eeuw geleden; maar ik moet aannemen dat daar andere, meer op globalisering en moderne technologie (en falende Westerse dominantie!) toegesneden kennis tegenover staat.

Deze studie draait om onderwerpen waarin ik mij in de jaren 1960-1970 ter dege bekwaamd had, maar die vanaf 1990 in mijn onderzoek – door mijn eigen keuze, laat dat duidelijk zijn – steeds meer werden verdrongen door transcontinentale interculturele vergelijking, interculturele filosofie, vergelijkende mythologie, protohistorie, taalwetenschap, genetica, epistemologie, wetenschapsgeschiedenis, etc. Ik heb van deze recente intellectuele avonturen intens genoten, meen dat ik door hun resultaten essentiële trekken aan ons beeld van Afrika heb kunnen toevoegen, en noodzakelijke correcties en aanvullingen heb kunnen maken op de gangbare constructies van de Afrikanistische antropologie. Niettemin, ik heb mij thans met wellust gezet aan de taak, mijn concept van 1991 te bewerken tot een toonbaar geheel. Het plezier om mijzelf toe te staan weer eens met oude, vertrouwde, degelijk aangeleerde benaderingen en vanuit erkende (maar inmiddels zwaar gedateerde) autoriteit te mogen werken, geeft een opgeluchte bevrijding die even opweegt tegen de uitdaging en veroveringslust van een kwart eeuw steeds maar nieuwe wetenschapsgebieden binnen te stormen, toe te eigenen, en er voortijdig, half panisch, over te schrijven. Dat de antropologische studie van verwantschap, huwelijk en vestigingspatronen inmiddels uit de mode is geraakt neem ik dan maar op de koop toe.

Profiterend van de redactionele inspanning geleverd ten behoeve van deze Nederlandse versie, hoop ik een Engelse vertaling en bewerking op te nemen in het grote boek over de Nkoya dat ik thans nagenoeg voltooid heb: 'Our drums are always on my mind': Nkoya culture, society and history, Zambia (van Binsbergen, in voorbereiding (b)).

Inhoud

Voorwoord 5

Inhoud 9

    Lijst van illustraties 12

    Lijst van tabellen 14

1. Inleiding 15

    1.1. Achtergrond 15

    1.2. Mabombola als onderzoekslokatie 19

    1.3. Samenvatting van deze studie 20

2. Chaos en domesticatie in het kader van ruimtelijke
verplaatsing bij de Nkoya 25

3. Inleiding tot het dorp Mabombola, en tot theorie en
methode nodig voor een bespreking van zijn
vestigingsgeschiedenis 45

    3.1. Het dorp Mabombola 45

    3.2. Verwantschap 50
        3.2.1. Parallelneven en kruisneven, en het systeem
        van classificatorische verwantschap 50

3.2.2. Genealogische kennis en namen van
personen 52

3.2.3. 'Grote Buik' versus 'Kleine Buik' 57

3.2.4. De clan-structuur als classificatorisch
grootouderschap 63

3.2.5. Schertsrelaties en grootouders 64

3.3. Binding met de grond 66

3.4. Hoe stellen wij geografische herkomst vast 68

4. De verwantschappelijke structuur van Mabombola in het
licht van zijn vestigingsgeschiedenis.................................71

4.1. Verwantschap als basis van de
vestigingsgeschiedenis van Mabombola 71

4.2. Mabombola: De Mushūwa tak 73

4.3. De andere takken van Mabombola..........................74

4.4. Wie bleven voor Mabombola behouden? 74

4.5. De Kwabila groep zoekt zijn toevlucht in
Mabombola 75

4.6. Pátiliki..78

4.7. Watchtower 79

4.8. Mogelijke leden van het ideële dorp Mabombola
die thans geen deel uitmaken van het fysieke dorp 82

5. Het Nkoya huwelijkspatroon zoals dat geïllustreerd wordt
door het geval van Mabombola 85

5.1. Algemene trekken van het Nkoya huwelijk en zijn
implicaties voor het vestigingspatroon 85

5.2. De circulatie van vrouwen tussen dorpen 88

5.3. Dorpsendogamie 89

5.4. Vallei-endogamie en vallei-exogamie.......................90

5.5. De selectieve huwelijksrelaties met dorpen binnen
de context van vallei-endogamie 96

5.5.1. Geografische nabijheid 97

5.5.2. De (beperkte) herhalingstendens binnen
het Nkoya huwelijkspatroon 97

5.5.3. De clanstructuur binnen de vallei 97

5.5.4. De beperkte relevantie van het dorp als
uitgangspunt bij de analyse van het huwelijkssysteem: Concatenatie binnen het niet-
gelokaliseerde verwantschapsnetwerk 98

6. Conclusie 101

Bibliografie 103

1. Studies aangehaald in de tekst.................................103

2. Studies van de Nkoya door Wim van Binsbergen...............107

Appendix I. Complete gereconstrueerde genealogie van het
dorp Mabombola in 1973 117

Appendix II. Genealogie van het dorp Mukwakwa met
aanvullende aantekeningen 125

Register..129

Lijst van illustraties

Fig. 1. Nkoya vrouwen voor hun huis in de niet langer traditionele omgeving van het Nkeyema Agricultural Scheme, Oostelijk Kaoma-district, 1977 – met uitzonderlijk veel moderne gebruiksartikelen tussen de traditionele gewassen, werktuigen, en huisconstructie 28

Fig. 2. Het dorp Kalelema / Shushewele, Njonjolo, 1977: In voorbereiding op de ontknoping van het *ushwana*-ritueel, zijn de hoofdrolspelers (de weduwnaar, en de zustersdochter van zijn overleden vrouw) neergezet op de centrale dansplaats van het dorp, terwijl verwanten en buren zich rond hen verzamelen..39

Fig. 3. Het dorp Kalelema / Shushewele, Njonjolo, 1977: Jongeren uit dit dorp en de naburige dorpen dansen met overgave tijdens het nachtelijke muziekfeest dat onderdeel is van het *ushwana*-ritueel 40

Fig. 4. Het dorp Kalelema / Shushewele Njonjolo, 1977: Als de zon opgaat in de ochtend van het *ushwana*-ritueel blijken de trommels die 's nachts bespeeld werden gestald te zijn in het dorpsheiligdom. Let op de gevorkte takken, die de standaardvorm vormen van het boomheiligdom (*vgl.* van Binsbergen 1981a: hst 3). Offergaven in de form van maïsbier en honing zijn aan de takken opgehangen. Op de achtergrond mensen die het nachtelijk ritueel hebben meegemaakt en die nu wachten op de voortzetting van het *ushwana*-ritueel naar zijn ochtendlijk hoogtepunt..................................42

Fig. 5. Het dorp Kalelema / Shushewele, Njonjolo, 1977: Tegen zonsopgang wordt een trommel die in de nanacht in het dorpsheiligdom was gestald, teruggebracht naar de centrale dansplaats van het dorp, om daar bespeeld te worden tijdens de slotfase van het *ushwana*-ritueel..................................43

Fig. 6. Het dorp Kalelema / Shushewele, Njonjolo, 1977: Na het hoogtepunt van het *ushwana*-ritueel, maken de deelnemers het resterende maïsbier op en gaan zij over tot vrolijke en plechtige dansen, terwijl op de rietmat (rechts voor) de hoofdrolspelers in het ritueel tot ontspanning komen. Let op de baby (kind van de overleden vrouw) in de armen van haar weduwnaar, vlak naast de erfgename wier haar zojuist besprenkeld is met wit meel door rijen van verwanten en buren 44

Fig. 7. Schematische plattegrond van het dorp Mabombola volgens de toestand in het najaar van 1973 47

Fig. 8. Vereenvoudigde overzichtsgenealogie van het dorp Mabombola 48

Fig. 9. Kaart van de dorpen in de Njonjolo-vallei, 1962-1973 49

Fig. 10. Parallel- en kruiscousinage... 51

Fig. 11. Gebruik van de term 'Grote Buik'... 58

Fig. 12. Nkoya verwantschapsterminologie. 59

Fig. 13. Huwelijksbanden tussen dorpen en het bestaan van *connubia*............. 95

Fig. 14. Voorbeeld van een verwantschapsketen tussen dorpen 99

Appendix I. Complete gereconstrueerde genealogie van het dorp Mabombola in 1973... 117

Appendix II. Genealogie van het dorp Mukwakwa met aanvullende aantekeningen 125

Fig. 15. Het dorp Mabombola (linksboven; 15º 02'26,30" Z, 25º 14'46,05" O) gescheiden van het vorstenhof van *Mwene* Kahare (rechtsonder) door de (vrijwel droge) bedding van de Njonjolo-rivier, november 2003 127

Lijst van tabellen

Tabel 1. *Watchtower* in Mabombola 80

Table 2. Ontving Mabombola evenveel bruiden als het gegeven heeft? 91

Tabel 3. Is er in Mabombola bij de categorie inhuwende bruiden een significant verschil met de categorie uithuwende bruiden, in de verhouding tussen vallei-endogamie en vallei-exogamie? 92

Tabel 4. Aspecten van het huwelijkspatroon van het dorp Mabombola 94

1. Inleiding

1.1. Achtergrond

Deze studie is geïnspireerd door, en sluit aan bij, de *mainstream* sociale en culturele antropologie van het midden van de twintigste eeuw, toen de op langdurig participerend veldwerk gebaseerde studie van afzonderlijke volkeren / etnische groepen, tegen de achtergrond van de structureel-functionele theorie van samenleving en cultuur met nadruk op verwantschap en sociaal-politieke organisatie, zich had gevestigd als de standaardvorm van onderzoek in die tak van wetenschap – nadat evolutie en diffusie als voordien heersende paradigma's grotendeels hadden afgedaan.[1] In Afrika ten

---

[1] *Vgl.* Radcliffe-Brown & Forde 1950, waarin voor Zambia vooral van belang het artikel van Richards 1950; Radcliffe-Brown 1952; Fortes & Evans-Pritchard 1940; Evans-Pritchards 1940; Fortes 1945, 1949, 1953; Colson & Gluckman 1951; Barnes 1962, 1967 (zie ook de andere bijdragen in Epstein 1967); Worsley 1956; Colson 1967; Köbben 1964; van der Veen 1972; Jongmans & Gutkind 1967; Jongmans 1973; Bohannan 1952; Watson met medewerking van Van Velsen 1954; Kay 1964; Mitchell 1956. Voor Zambia is dit werk in meer recente decennia aangevuld onder meer met het onderzoek van Chet Lancaster, Carla Poewe, Kate Crehan,

zuiden van de Sahara viel de bloeitijd van dit type onderzoek samen met de laatste decaden van de koloniale periode en de eerste decade van de postkoloniale onafhankelijke staten (1940-1975). In Zuidelijk Centraal Afrika werd met name in de toenmalige Britse koloniën van Zuid-Rhodesië (thans Zimbabwe), Noord-Rhodesië (thans Zambia) en Nyasaland (thans Malawi) belangrijk etnografisch en theoretisch onderzoek verricht door de onderzoekers van het Rhodes-Livingstone Institute, aanvankelijk gevestigd in de stad Livingstone niet ver van de Victoria-Watervallen van de Zambezi-rivier, en al spoedig verplaatst naar Lusaka dat vanaf de jaren 1930 de hoofdstad van Noord-Rhodesië zou vormen. Max Gluckman (1911-1975), een van de eerste directeuren van het Rhodes-Livingstone Institute, wist dit centrum door zijn intellectueel en bestuurlijk leiderschap in enkele jaren uit te bouwen tot een instelling van wereldniveau, en bleef een beslissende inspiratie uitoefenen op het sociaal-wetenschappelijk en historisch onderzoek in deze regio ook nadat hij in het Verenigd Koninkrijk een leerstoel in de antropologie was gaan bekleden, met name in Manchester. Veel van zijn leerlingen waren als onderzoeker aan het Rhodes-Livingstone Institute verbonden, en zij vormden een netwerk van gedreven, baanbrekende onderzoekers dat gewoonlijk de *Manchester School* wordt genoemd. Op de etnografie van Zambia heeft deze richting sterk zijn stempel gedrukt, met thema's als het voortdurende en kaleidoscopische sociale proces (en niet de vastgelegde institutie) als kweekplaats van sociale relaties en van normen, het micropolitieke karakter van dat sociale proces en daarmee van verwantschap, rechtsantropologische dimensies van het sociale proces, en de betekenis van formeel en vooral informeel leiderschap en van 'verwantschapspolitiek' op dorpsniveau, en tenslotte de aandacht voor 'extended cases' (waarin protagonisten over jaren gevolgd worden in significante aspecten van hun sociaal handelen) en voor conflict, als contexten waarin de voortdurend verschuivende, moeilijk te betrappen structuur van de samenleving bij uitstek tot haar recht komt.

Ute Luig, Norman Long, George Bond, Owen Sichone, Dick Jaeger, Han Seur, Achim von Oppen, en het nog lang voortgezette werk van Elizabeth Colson.

Dit is niet de plaats om een gedetailleerde karakteristiek te geven van het Manchester-School-onderzoek in Zuidelijk Centraal Afrika; dat is reeds elders gedaan, mede door mijzelf.[2] Inmiddels stond dergelijk onderzoek kennelijk bepaald niet op zichzelf. Als onderzoeksmethode gaf de participerende observatie de mogelijkheid om een kleine, in zijn samenstelling en productieverhoudingen sterk op verwantschap gebaseerde gemeenschap (dorp of stadswijk) te bestuderen in de onderlinge dynamische samenhang van sociale relaties, voorstellingen en normen. Het vestigingspatroon geeft inzicht in het ruimtelijke aspect van deze relaties, en een genealogie in de verwantschappelijke relaties tussen de betrokkenen over de

---

[2] *Vgl.* Werbner 1984; Van Teeffelen 1978; van Binsbergen 2007. Als Marxist en pupil van de vrijheidsstrijders Jack Simons en Ray Alexander heb ik in dit verband argeloos Manchesters pro-Afrikaanse communistische politieke houding benadrukt. Dit heeft helaas ergernis gewekt, o.m. bij Gluckmans zoon de Heer Tim Gluckman. Ik heb mij op dit punt geheel gebaseerd op herhaalde uitvoerige mededelingen van Jaap van Velsen, met wie ik van 1971 tot aan zijn dood in 1990 intensief omging. In afwijking van de groei naar interdisciplinariteit die de Afrikastudies kenmerkte in de eerste decennia van de postkoloniale Afrikaanse Onafhankelijkheid, en die in mijn eigen werk extreme vormen heeft aangenomen, schijnt de tijd weer aangebroken voor militant-monodisciplinaire identiteit, met name onder taalkundigen en historici van Afrika. De historicus Gewald (2007) heeft zich steeds uitdrukkelijk geprofileerd als niet-antropoloog en is als zodanig kennelijk ongehinderd door diepgaande kennis van, laat staan bewondering voor, de *Manchester-School*-erfenis. Ten onrechte noemt hij trekarbeid als zodanig het voornaamste aandachtsgebied van Manchester en het Rhodes-Livingstone Institute – in plaats van *het ontwikkelen van een nieuw, dynamisch model van kleinschalige, lokale sociale organisatie waarin macroprocessen zoals de penetratie van het kapitalisme (o.m. door trekarbeid, inderdaad) en van de koloniale staat beter begrepen kunnen worden.* Zelf bij uitstek deskundig op het gebied van militaire wreedheden en genocide bijv. door het Duitse koloniale leger gepleegd in Namibia, laat Gewald het voorkomen alsof de vernieuwende wetenschappelijk beweging rond Gluckman slechts berustte op vertekening: verwarren van de gewelddadige 'verovering' van Zuid-Afrika met de geweldlozer vestiging van koloniaal gezag in Noord-Rhodesië rond 1900. Gluckman en Mitchell waren inderdaad Zuidafrikanen, en Gluckmans 1958 / 1940-42 tekst over koloniaal Zoeloeland werd een methodologische basistekst in Manchester. Aangezien echter het meeste Manchester-werk niet primair historisch was en zich concentreerde op midden 20e eeuw, leidt Gewalds laatdunkende precisering slechts nodeloos af van de grote sociaal-wetenschappelijke en kennispolitieke verdiensten van Manchester.

generaties. Daarom was het (binnen de algemeen zeer grote en specialistische aandacht voor verwantschap in de antropologie van die tijd – thans sterk verminderd) een algemeen uitgangspunt dat voor het beschrijven van een plaatselijke gemeenschap de combinatie van dorpscensus, kaart en genealogie een noodzakelijke en uitstekende eerste introductie vormt, waarna langdurige participatie in concrete activiteiten, gericht interviewen, en observatie van concreet gedrag het plaatselijke etnografische patroon verder moest invullen. Standaardvoorbeelden van zo'n studie vormden Victor Turners *Schism and Continuity in an African society* (1957), gebaseerd op langdurig veldwerk onder de Ndembu Lunda van het uiterste Noord-Westen van Zambia, waarin de dynamiek van vestiging en verwantschappelijk leiderschap en volgelingenschap centraal staat; en Jaap van Velsens *The politics of kinship* (1964), over de micropolitieke aspecten van het verwantschappelijk proces bij de Tonga van Malawi.

De onderhavige studie is langs soortgelijke lijnen opgevat – zoals te verwachten gezien mijn nauwe banden, sinds 1971, met de opvolger van het Rhodes-Livingstone Institute (het Institute for African Studies van de University of Zambia, inmiddels Institute for Social and Economic Studies geheten); met leden van de Manchester School onder wie vooral Max Gluckman, Clyde Mitchell, Victor Turner, Jaap van Velsen, Elizabeth Colson, Bruce Kapferer en Richard Werbner – min of meer seniore onderzoekers die het veld van de Zuidelijk-Centraal-Afrikaanse antropologie beheersten toen ik begin jaren 1970s als docent aan de University of Zambia kwam werken; en met Manchester zelf, als Simon Professor of Social Anthropology aan de Victoria University aldaar. Terwijl ik in 1971-1973 mijn onderwijstaak in de sociologie in Lusaka aanvankelijk combineerde met stedelijk onderzoek naar religieuze organisaties en het huwelijkspatroon in Lusaka, richtte ik mij vanaf voorjaar 1972 steeds meer op één bepaalde etnische groep in die stad, de Nkoya uit Kaoma-district, Western Province. Zij vormden een kleine minderheid die in sociale relaties, steun bij migratie, genezing en ritueel, sterk op hun verre herkomstgebied gericht bleef. Medio 1973 liep mijn onderwijstaak ten einde en kon ik mijn Nkoya-onderzoek grotendeels verplaatsen naar Kaoma-district. In het oosten van dat district werd het gebied van het volkshoofd *Mwene* Kahare de basis van een historisch, etnografisch en etnisch-politicologisch onderzoek dat tot heden is voortgezet. Mijn publicaties over de Nkoya sindsdien (zie bibliografie achterin deze studie) leggen verslag van mijn onderzoeksresultaten over de jaren.

1.2. Mabombola als onderzoekslokatie

Terwijl spoedig religieuze, politieke, etnische en historische thema's de zwaartepunten van mijn rurale Nkoya onderzoek gingen vormen, legde ik mij de eerste maanden toe op de inmiddels klassieke methode van kaart en genealogie. Van de enkele tientallen dorpen die ik aldus intensief bestudeerde in de valleien van de rivieren de Njonjolo en (drie kilometer ten noorden daarvan) de Kazo, bleken de meeste nauwelijks geschikt voor het type intensieve vestigings- en verwantschapsonderzoek in de trant van Turner en zijn collega's: zij omvatten (niet ongebruikelijk in Westelijk Zambia) minder dan een handvol gezinnen van wie bovendien vele leden tijdelijk of permanent in de stad woonachtig waren, of boden onvoldoende mogelijkheden (vooral logistiek – mijn verplaatsingen binnen het onderzoeksgebied moesten te voet gebeuren) tot zeer frequent participerende observatie en informele gesprekken. In het relatief grote dorp Mabombola, aan de zuidoever van de Njonjolo minder dan een half uur gaans van mijn eigen behuizing in het dorp Shabizi dichtbij het vorstenhof van *Mwene* Kahare, bleken echter alle onderzoeksvoorwaarden vervuld te zijn, en het is dan ook op deze nederzetting dat de onderhavige studie zich concentreert. Samen met mijn toenmalige echtgenote hield ik, op algemeen dringend verzoek, elke ochtend informeel medisch spreekuur (daartoe zo veel mogelijk met raad en medicamenten bijgestaan door Dr J. Vorster, de Nederlandse arts / directeur van het op ca. 100 km afstand gelegen ziekenhuis te Mangango, Kaoma-district), en aangezien inwoners van Mabombola ons spreekuur vrijwel dagelijks bezochten, bleef zo een voortdurende stroom van interactie en informatie in stand ook op de vele dagen dat mijn programma een bezoek aan Mabombola niet toestond.3

---

3 Onze band met Mabombola zou juist in de medische sfeer op de proef gesteld worden. Een van de kinderen geassocieerd met dat dorp maar verhuisd naar de

1.3. Samenvatting van deze studie

Na deze inleiding schetst Hoofdstuk 2 eerst in algemene termen de problematiek van ruimtelijke verplaatsing in de Nkoya samenleving. Ongeacht in welk dorp of in welke verwantengroep men geboren is (dat kan desnoods in de stad zijn), is elk lid van de Nkoya samenleving levenslang verwikkeld in een stoelendans van ruimtelijke verplaatsing, – verhuizingen waarvan men over het algemeen hoopt zijn directe verwantschappelijke omgeving te verbeteren, door zich te omgeven door meer vertrouwde verwanten en / of aanverwanten, en zich te onttrekken aan conflictueuze, kwade, hekserij-gerelateerde invloeden van verwanten en buren in de eerdere woonplaats. Langs welke patronen verloopt dit proces, wat zijn de strategieën die het bepalen, en hoe ontstaat uit de ogenschijnlijk chaotische 'Brownse beweging'[4] van al die tienduizenden individuen, niettemin het effect van een enigszins geordende samenleving die zich van

---

noordoever van de Njonjolo, ontwikkelde in het najaar van 1973 wat zich deed aanzien als een bacillaire *conjunctivitis* (ernstige ontsteking van het bindvlies van het oog, met gevaar voor levenslange schade aan de gezichtsfunctie). Haar vader echter, een zeer strenge aanhanger van dezelfde *Watchtower*-sekte die onder meer in Mabombola het levenspatroon bepaalde (zie onder, sectie 4.7), wees overeenkomstig de richtlijnen van die sekte alle contact met overheidsinstellingen af, en verbood ons het kind met onze auto naar het verre ziekenhuis mee te nemen. In een ethisch dilemma zoals zich dat wel vaker voordoet bij antropologisch veldwerk (*vgl.* van Binsbergen 1987d – waar dit geval ook aan de orde komt), besloten wij, in vluchtig overleg met enige vrouwelijke verwanten van het meisje, de vader te trotseren. Het kind werd door ons naar het ziekenhuis gebracht en haar gezichtsvermogen werd veilig gesteld. Wij vreesden gedurende korte tijd dat wij dit eigengereid initiatief met verdrijving uit het onderzoeksgebied en mislukking van ons veldwerk moesten bekopen, maar het tegendeel bleek het geval; alleen de vader meed ons voortaan volkomen. Meer dan twintig jaar later werd ik door hem staande gehouden op het Kazanga feest van 1994. Hij bedankte voor het doortastend initiatief van mijn echtgenote en mij destijds en gaf toe dat het het gezichtsvermogen gered had van zijn dochter, inmiddels de trotse moeder van enige kinderen.

4 Term uit de natuurkunde voor het schijnbaar chaotische bewegingspatroon van moleculen in een gaswolk, naar analogie van een plantkundig verschijnsel voor het eerst behandeld door Robert Brown in het begin van de 19[e] eeuw.

generatie tot generatie min of meer voortzet in de tijd? Op deze vragen blijkt een intensief onderzoek van het dorp Mabombola duidelijke antwoorden te geven.

In Hoofdstuk 3 situeren wij dit dorp in zijn onmiddellijke geografische omgeving: de Njonjolo-vallei waar ook al een eeuw lang een van de belangrijkste vorstenhoven van de Nkoya is gevestigd. Wij richten onze aandacht op de specifieke vestigingsgeschiedenis van de gezinnen en wijdere verwantschappelijke clusters binnen Mabombola. Om de daarbij aan het licht tredende processen te kunnen beschrijven en verklaren, hebben wij wat theoretische en etnografische achtergrondkennis nodig, die op dit punt in het betoog gepresenteerd wordt. Op verwantschappelijke gebied wordt vastgesteld, hoe groot en van welke aard de genealogische kennis is die onder de bewoners van een Nkoya dorp circuleert, en hoe deze kennis is verbonden aan patronen van naamgeving en praktijken van *classificatorische verwantschap*.5 Bij dit laatste speelt een beslissende rol het onderscheid tussen parallelneven (*parallel cousins, bakonzo*) en kruisneven (*cross cousins, bafwala*): de eersten zijn in de Nkoya opvatting broers en zusters, en verboden huwelijkspartners / sexuele partners; terwijl de tweede in de Nkoya opvatting in theorie juist de ideale huwelijkspartners vormen. Van een hogere, meer mensen omvattende orde is de *clanstructuur*, een aanvankelijk schijnbaar tegenstrijdig en onvolledig gedocumenteerd gegeven waarop echter vooral mijn onderzoek van de laatste jaren meer licht geworpen heeft (van Binsbergen 1992a; 2012b). Er blijkt in de Nkoya samenleving een nauw verband te bestaan tussen clanlidmaatschap en de perceptie van classificatorisch grootouderschap (*bunkaka*) / kleinkindschap (*buzukulu*). Vervolgens bezien wij andere prealabele aspecten van de vestigingsgeschiedenis: het al dan niet bestaan, bij de Nkoya, van een binding met de grond; de vraag hoe wij geografische herkomst kunnen vaststellen in deze samenleving waar het geschreven woord slechts een geringe rol speelt en waar mensen over honderden kilometers geografisch mobiel zijn – een gebied met vele honderden dorpen. Tevens bezien wij de koloniale erfenis van

---

5 Antropologische technische termen en Nkoya woorden worden in het register verklaard.

het dorpsregister. Vooral blijken wij voor analytische duidelijkheid ('etic' niveau) een onderscheid te moeten maken dat de Nkoya zelf ('emic' niveau)[6] zeer beslist niet maken, namelijk dat tussen

(a) het *ideële dorp* als louter een situationele en kaleidoscopische verwantschapspolitieke ideële constructie, en

(b) het *fysieke dorp* als concrete verzameling van daadwerkelijk samenwonende mensen (en hun tijdelijk of permanent in de stad verblijvende verwanten met een erkend eigen huis in het fysieke dorp).

Omdat het ideële dorp als gedachte identitaire eenheid van niet noodzakelijk bijeenwonende mensen, in de perceptie van de participanten veel belangrijker is dan het fysieke dorp, ben ik geneigd om in deze studie te spreken van 'leden', in plaats van 'inwoners', van een Nkoya dorp.

In het volgende Hoofdstuk 4 bezien wij de verwantschappelijke structuur van Mabombola in het licht van zijn vestigingsgeschie-

---

[6] Antropologen hebben al meer dan een halve eeuw geleden ontdekt dat het zeer verhelderend is om onderscheid te maken tussen

(a) de *emic* termen waarin de participanten van een bepaalde samenleving zelf, in eigen taal, hun samenleving, cultuur en daarbij behorende voorstellingen concipiëren; en

(b) de *etic* termen waarin antropologen dezelfde gegevenheden trachten te benoemen, in een technische vaktaal die meestal sterk verschilt dan die van de participanten.

Voor analytische duidelijkheid en consequentie, en ten behoeve van interculturele vergelijking, wordt (b) met grote scherpte en duidelijkheid geformuleerd, terwijl de participantenonderscheidingen (a) over het algemeen, in welke cultuur dan ook, juist pas sociaal en symbolisch kunnen functioneren door een grote mate van semantische polysemie, variabiliteit en manipulatie. De termen *emic* en *etic* berusten op een taalwetenschappelijke analogie, namelijk op het onderscheid tussen *phonemic* (betreft de spraakklanken zoals die in een bepaalde taal uitdrukkelijk door de moedertaalsprekers worden onderkend en onderscheiden in hun taalgebruik), en *phonetic* (de natuurkundige eigenschappen van de spraakklanken zoals ook een machine ze kan registreren, ongeacht de wijze waarop zij, als *Gestalte*, dienst doen op het bewuste niveau van de moedertaalsprekers. Vgl. Headland *et al.* 1990; van Binsbergen 2003d: 22 *e.v.*

denis. Aangezien verwantschap de sleutel tot het geheel is, splitsen wij de vestigingsgeschiedenis op in een aantal samenstellende verwantschappelijke groepen of takken, waarvan de Mushūwa-tak bij uitstek behandeld wordt. Na inspectie van de andere takken kunnen wij de vragen beantwoorden:

- *wie gaven hun lidmaatschap van Mabombola op (residentieel maar vooral ook sociaal-relationeel),*

- *en wie bleven voor het dorp behouden?*

In het bijzonder wordt de casus behandeld van de intrekkende Kwabila-tak. De persoon Pátiliki vormt een casus apart, waarna wij nagaan hoe de religieuze identiteit van de Zambiaanse *Watchtower*-kerk de vestigingsgeschiedenis van het dorp heeft beïnvloed. Onze behandeling van de vestigingsgeschiedenis en haar achtergrond wordt afgesloten met een analyse van de diverse potentiële leden van Mabombola die niettemin niet daadwerkelijk functioneren als onderdeel van dit specifieke dorp.

In Hoofdstuk 5 gaan wij na wat de situatie in Mabombola ons leert over het Nkoya huwelijkspatroon. Na behandeling van algemene trekken van het Nkoya huwelijk, bespreken wij zeer kort echtscheiding en aanverwantschap, waarna de invloed van trekarbeid aan bod komt. De grote mate waarin het dorp (zowel het ideële dorp als het fysieke dorp) als residentieel / relationeel / identitaire eenheid *exogaam* is, kunnen wij nagaan door de circulatie van vrouwen tussen dorpen te analyseren. Er blijkt slechts een geringe mate van dorpsendogamie te bestaan. Het spel van exogamie en endogamie wordt ook op vallei-niveau nagegaan. Binnen de vallei blijkt dan dat niet alle dorpen even aantrekkelijk of verkiesbaar zijn als huwelijkspartners. We gaan na in hoeverre geografische nabijheid daarin een factor is: de valleien zijn even lang gerekt als hun centrale rivier, en bijv. de keten van dorpen langs de zuidelijke oever van de Njonjolo bestrijkt een lengte van bijna 10 km, een afstand die een aanzienlijk tijdsbeslag dus productieve kosten legt in dit gebied waar men op lopen of fietsen (op overwegend gebrekkige fietsen) aangewezen is. Ook onderkennen de Nkoya de waarde van niet te veel op een kaart te zetten, en met name huwelijksrelaties zoveel mogelijk te diversifieren, met verschillende dorpen, valleien, verwantengroepen – zodat echtelijke conflicten minimaal vestorend zullen zijn voor groepsrelaties, en nakomelingen een breed netwerk van steun in nood tot hun beschikking houden. Een casus apart blijkt de relatie tussen Mabombola, en de immigrantengroep afstammend van de zendingswerker Matīya, die in het kader van de Christelijke zending in het gebied zich in de jaren 1930 in Njonjolo heeft gevestigd. Tenslotte bespreken wij de beperkte relevantie van het fysieke dorp als uitgangspunt bij de analyse van het huwelijkssysteem; het blijkt hier namelijk vooral te gaan om *concatenatie* (ketenvorming) binnen het niet-gelokaliseerde verwantschapsnetwerk rond het ideële dorp. De conclusie (Hoofdstuk 6) heeft aan dit alles weinig meer toe te voegen.

2. Chaos en domesticatie in het kader van ruimtelijke verplaatsing bij de Nkoya

De Nkoya zijn een betrekkelijk klein7 volk van landbouwers, die nog

---

7 Ten tijde van het veldwerk waarop dit betoog voornamelijk gebaseerd is, in 1973, schatte ik het aantal *native speakers* van de Nkoya taal op ca. 40.000, op een totale Zambiaanse bevolking van destijds bijna 4,5 miljoen; mede op grond van: Kashoki 1978; Fortune 1959, 1963, 1970; Republic of Zambia 1974; *vgl.* ook Anoniem, 'Nkoya', zonder jaartal; Yasutoshi Yukawa 1987; van Binsbergen 1994a. Voor een *up-to-date* statement van aantallen en overwegingen, zie mijn boek in voorbereiding: *Our Drums Are Always On My Mind*. Inmiddels lijkt in 40 jaar door louter demografische factoren (buitenstaanders leren zelden de Nkoya taal) het aantal Nkoya sprekers te zijn aangegroeid tot een iets meer dan 100.000, hetgeen (volgens de formule $P_{n+x} = P_n(1+q)^x$, waarin P = bevolking, n = beginjaar, x = aantal verlopen jaren sinds n, en q = gemiddelde jaarlijkse groei geschreven als decimale breuk) zou neerkomen op een gemiddeld groeipercentage van ongeveer 2,5% per jaar. Dit is veel minder dan de Zambiaanse nationale gemiddelde jaarlijkse groei van 2,9% berekend uit de geschatte nationale bevolkingsomvang in 1950 (2,34 miljoen) en 2010 (13,01 miljoen). Er zijn inderdaad redenen om de Nkoya bevolkingsgroei als relatief laag te beschouwen (*vgl.* Central Statistical Office, z.j.– waar gewezen wordt op (1) de 'Centraalafrikaanse 'matrilineal belt' (*vgl.* Richards 1950), met erkend lage vruchtbaarheid, ook de Nkoya liggen hierbinnen, maar zijn waarschijnlijk onder Lozi invloed bilateraal geworden; en (2) culturele praktijken rond het vrouwelijk lichaam, met name het vaginaal inbrengen van giftige, en de

maar twee generaties geleden zich sterk toelegden op de jacht en het verzamelen van bosproducten. In de achttiende en negentiende eeuw van de Westerse jaartelling hadden zij – zoals vooral mijn proto-historische studie *Tears of Rain* aangeeft (1992), staten met een indrukwekkende hofcultuur waarin vrouwen politiek en ritueel de toon aangaven. In de tweede helft van de negentiende eeuw werden deze staten, met hun inmiddels voornamelijk mannelijke volkshoofden, selectief opgenomen in de Barotse (of Lozi) staat – het neo-traditionele, door *indirect rule* geregeerde Barotseland van de koloniale periode, thans de *Western Province* van de sinds 1964 onafhankelijke Republiek Zambia, voorbij welks westelijke grens het buurland Angola ligt.[8]

Ruimtelijk is de meest in het oog springende basiseenheid in de Nkoya samenleving het (fysieke) dorp *(munzi)*.[9] Fysieke dorpen zijn niet-omheinde[10] concentraties van enkele tot ca. 25 huizen, waarvan sommige uit moderne duurzame materialen zijn opgetrokken maar de meeste nog altijd bestaan uit muren van leem gesmeerd tussen een netwerk van takken en bastvezels, en gedekt met riet. Tot op een afstand van enige kilometers liggen rond ieder dorp de droge tuinen voor millet, hybriede maïs (een recent door de koloniale

---

vruchtbaarheid verwoestende, stoffen om vaginale afscheiding te beperken, ook in praktijk bij de Nkoya. Zie ook mijn medisch-antropologische studie, van Binsbergen 1979a. Zoals ik in mijn diverse analyses van Nkoya etniciteit heb uiteengezet (onder meer van Binsbergen 1975a / 1981 / 1985; 1992b; 1992c; 1994a) hebben vele mensen die zich als Nkoya identificeren, ook een terechte claim op andere etnische identiteiten (bijv. Lozi, Ila, Kaonde, Mbundu) zodat het precise aantal Nkoya moeilijk is te bepalen en dat zelfs een misleidend concept wordt.

[8] De historische en antropologische literatuur over Barotseland / Western Province, Zambia, is zeer omvangrijk en is genoegzaam aangegeven in mijn Engelstalige publicaties over de Nkoya, zie de bibliografie achterin deze studie.

[9] Nkoya woorden verschijnen in deze studie in de standaard Nkoya spelling. Voor de globale uitspraak kunnen de volgende regels gelden: u = Nederlandse 'oe'; z = Ned. 'd' (zacht) tot Engelse 'th'; l = Ned. 'r'; sh = Ned. 'sj'; j = Ned. 'dzj'. Aangezien dit geen taalkundige studie is heb ik ervan afgezien (in navolging van de Nkoya standaardspelling) om de tonen van lettergrepen aan te geven.

[10] Het vorstenhof is wel omheind, met aangepunte steunpalen in de schutting.

overheid ingevoerd marktgewas) en cassava, terwijl in natte plekken bij de rivier traditionele maïs[11] wordt verbouwd. Het savanne-bos, dat stroopwild,[12] hout, vruchten en medicijnen oplevert, is nergens ver. Veebezit, in Oostelijk Kaoma-district ooit aanzienlijk (ten gevolge van strooptochten onder het naburige en cultureel verwante Ila-volk in het eind van de 19^e eeuw) is al decennia lang marginaal ten gevolge van het voorkomen van de tsetsevlieg. Sinds ca. 1960 is de druk op het land sterk toegenomen, door immigratie vanuit

---

[11] Het is niet duidelijk of, zoals vrij algemeen wordt aangenomen, de traditionele maïs van Zuidelijk Centraal Afrika dateert van het beschikbaar komen van voedselgewassen uit de Nieuwe Wereld als resultaat van de ontdekkingen van Columbus en zijn opvolgers, of dat dat gewas reeds voordien in deze region was doorgedrongen, hetzij regelrecht de Atlantische Oceaan over, hetzij indirect via de Stille Oceaan en Zuid-Oost-Azië. Voor deze discussie, argumenten, en relevante literatuur, zie het zeer omvangrijke slothoofdstuk van mijn *Our Drums Are Always On My Mind*, waar ook meer in het algemeen enige Zuid-Oost-Aziatische aspecten van de Nkoya samenleving en cultuur worden besproken.

[12] Overwegend gelegen langs de waterscheiding van de grote rivieren Zambezi en Kafue, met vele zijrivieren, is Nkoyaland vanouds zeer rijk aan de vele soorten groot wild en klein wild typisch voor Zuidelijk Centraal Afrika. Nog in de jaren 1930 rapporteerden koloniale ambtenaren dorpen in dit gebied die in hun voedselbehoefte vrijwel geheel konden voorzien door de jacht. Het zeer grote Kafue National Park dat vanaf 1930 in de wijde omtrek van de Kafue werd gevestigd, maakte aan de vrije jacht door de inwoners een einde, initieerde een systeem van maatregelen en toezicht dat moest tegengaan wat vanaf dat moment volgens de koloniale en postkoloniale overheid 'stropen' zou worden – met grotendeels voorbijgaan aan de historische wildrechten van de plaatselijke bevolking en haar traditionele vorsten. Zo werd ook een onbewoond gebied gecreëerd van vele tientallen kilometers tussen de Nkoya van Kaoma district (die van de koninklijke vorsten *Mwene* Mutondo en *Mwene* Kahare), en die van Mumbwa district (van de koninklijke vorst *Mwene* Kabulwebulwe). De laatste tien jaar is er in het gebied een beweging naar *game management* door de bevolking in samenwerking met de internationale organisatie World Wildlife Fund. Hierdoor wordt thans 'stropen' door aanvullende sociale controle vanuit de plaatselijke bevolking omgeven en effectief ontmoedigd– nadat de laatste tientallen jaren de wildstand vooral door bevolkingstoename, toename van het landbouwareaal, en door overbejaging met grof-destructieve technologische middelen (machinegeweren) al zeer sterk achteruit gegaan was. Voor een bespreking van de jacht als productietak temidden van het geheel der Nkoya productiewijzen, zie: van Binsbergen 2012e.

andere delen van Western Province en Angola, en doordat een minderheid van de boeren is overgegaan op extensiever landbouw-methoden met kunstmest; in dezelfde periode is de wildstand dramatisch achteruitgegaan.

Fig. 1. Nkoya vrouwen voor hun huis in de niet langer traditionele omgeving van het Nkeyema Agricultural Scheme, Oostelijk Kaoma-district, 1977 – met uitzonderlijk veel moderne gebruiksartikelen tussen de traditionele gewassen, werktuigen, en huisconstructie.

Het dagelijks leven van dorpelingen speelt zich vooral af binnen de vallei *(mushindi)*, waarbinnen enkele tientallen dorpen geconcentreerd liggen aan weerszijden van de centrale stroom.

De op één na laagste vorm van rechtspraak (afgezien namelijk van de informele beraadslagingen op dorpsniveau), de vertegenwoordiging in het college van raadgevers aan de vorst, regenritueel, en de deelname aan feesten en begrafenissen zijn per vallei georganiseerd, evenals de afdelingen van de regeringspartij, en de toewijzing van eventueel landbouwkrediet. Een flink aantal valleien tesamen vormt een vorstendom, waarvan – met name in Westelijk Zambia, als gevolg van de *Barotse Agreement* gesloten bij de Onafhankelijkheid – de vorst (erfgenaam van illustere negentiende-eeuwse voorgangers) en zijn staf een bescheiden salaris ontvangen van de centrale overheid en in de bestuurlijke organisaties van die overheid een voornamelijk symbolische rol spelen.

Bij de reiziger door Nkoyaland, in de tweede helft van de 20^e eeuw, en in de koloniale tijd, wekken de dorpen in eerste aanblik een suggestie van vredige stabiliteit, wat nog wordt versterkt door hun archaïsche aanblik en de voor hedendaags Afrika betrekkelijk geringe zichtbaarheid (anders dan op Fig. 1) van gefabriceerde gebruiksartikelen: slecht onderhouden westerse kleding waaronder enige door de Zambiaanse staat voorgeschreven schooluniformen, geen auto's maar wel een paar fietsen, plastic emmers en teilen, voor de jacht wat voorladers die overwegend nog uit de negentiende eeuw stammen. Maar in feite zijn de dorpen verre van inert, en (althans, in hun fysieke vorm en locatie) ook verre van bepalend in de dynamiek van het Nkoya leven.

Vanaf het begin van de koloniale tijd, en zeker sinds de Zambiaanse Onafhankelijkheid en de implementatie van de *Village Registration and Development Act* van 1971, is het bezit van het dorpsregister het uitwendige, bestuurlijke criterium van onafhankelijk bestaan als dorp en van legitieme uitoefening van het dorpshoofdschap. Vele conflicten over verzelfstandiging van dorpen, ambivalente bewonersstatus en rivaliteit over dorpshoofdschap zijn uitgevochten met het dorpsregister als inzet.

Bij nader inzien blijkt het fysieke dorp in zeker opzicht slechts de min of meer toevallige en tijdelijke verdichting van een intens proces van individuele verplaatsing en verwantschaps-politieke strijd.

Toch moeten wij het beeld van oneindig vertakkende genealogische verbindingen die zich toevallig en tijdelijk verdichten in concrete dorpen enigszins afzwakken. Vrijwel iedere Nkoya heeft verscheidene residentiële alternatieven, dat wil zeggen een potentieel lidmaatschap van meer dan één dorp, maar omdat men zulk lidmaatschap moet effectueren door feitelijke bijdragen tot het sociale proces van het dorp kan men (behoudens afwezigheid als trekarbeider) toch slechts in één dorp tegelijk wonen. Wanneer wij dus zeggen dat het politieke proces van verwantschap zich verdicht in het bijeenwonen binnen concrete dorpen, dan wil dat ook zeggen dat er in het kader van dat politieke proces een voortdurende oscillatie plaatsvindt tussen het dorp als ideële, niet-gelocaliseerd netwerk van verwanten, en het fysieke dorp als concrete ruimtelijke structuur van co-residentie. In de competitie over leden, over titels, en de laatste decennia ook over land, vormen de concrete fysieke dorpen de kern van verwantschappelijke facties die aan hun diffuse periferie ook potentiële leden in andere concrete dorpen hebben; in het verloop van het proces worden die potentiële leden tot positiekiezen gebracht, voegen zich bij het fysieke dorp, verlaten anderen het fysieke dorp, en herziet zich het ideële dorp, waarna het proces opnieuw begint vanuit dat herziene uitgangspunt. Er is hierbij een zekere inertie / vertraging op te merken, die maakt dat in de perceptie van de participanten en daardoor toch ook in het feitelijke verwantschapspolitiek handelen niet het abstracte (en door de classificatorische logica onherkenbaar in elkaar geschoven) verwantennetwerk, maar de concrete fysieke dorpen, toch vaak de beslissende eenheden zijn. Dit klemt des te meer omdat de articulatie van ideële dorpen tot fysieke dorpen binnen het verwantschapspolitieke proces met name plaatsvindt op het moment van huwelijkssluiting: dan lossen de overlappende en multiple claims van potentieel dorpslidmaatschap zich op in het aannemen van de complementaire maar tegenovergestelde rollen van bruidgever en bruidnemer.

Verwantschap speelt in de Nkoya samenleving een zeer grote rol.

Het verwantschapssysteem is hier *bilateraal,* dat wil zeggen dat (ongeveer zoals in hedendaags West-Europa, maar anders dan in de meeste Afrikaanse samenlevingen) de verwantengroep van vaderskant en van die van moederskant evenveel gewicht hebben, en dat geldt ook voor iemands ouders, grootouders etc. Iedereen behoort dus in aanleg tot een flink aantal verwantengroepen. *Een fysiek dorp is niets anders dan een zich door samenwonen toevallig aftekenende kern binnen een overigens wijdverspreide en met andere dergelijke groepen overlappende verwantengroep.* Mede omwille van hun geringe ledenaantal, lage vruchtbaarheid, hoge kindersterfte, en het langdurig verblijf van sommige leden in stedelijk gebieden, zijn deze fysiek gelokaliseerde verwantschapskernen (alsmede de ideële dorpen waarvan zij de tijdelijke, zichtbare verdichting vormen) gewikkeld in een voortdurende, vaak grimmige competitie over leden. Iemands positie binnen de Nkoya samenleving wordt bepaald door het ideële dorp waar hij of zij op een bepaald moment toe wordt gerekend, en dit ideële dorp valt vaak grotendeels samen met het fysieke dorp waar die persoon op een bepaald moment ook inderdaad woont – maar dit is steeds slechts een tijdelijke keuze voor één van de verscheidene ideële dorpen waartoe iemand zich kan rekenen. Het *fysieke* dorp is uiteraard een ruimtelijk gegeven, maar het belangrijker, *ideële* dorp is vooral toch een verwantschapspolitiek gegeven, men is 'lid' veel meer dan 'inwoner', en men zegt dit lidmaatschap maar al te vaak tijdelijk of definitief op, door verhuizen d.w.z. door zich aan te sluiten bij een fysiek dorp dat meestal de concrete neerslag is van een rivaal ideëel dorp. Gedreven door persoonlijke conflicten, ziekte en sterfte, angst voor hekserij, en de ambitie om zelf een hoofdschapstitel te verwerven, maakt vrijwel iedereen vooral in de eerste helft van zijn leven een stoelendans door, naar steeds andere fysiek-ideële dorpen, andere verwantschapskernen, en andere oudere verwanten die als beschermers en sponsors optreden. (Het patroon verschilt niet veel voor mannen en vrouwen, zij het dat vrouwen door huwelijken ook niet-verwanten als patroons kunnen kiezen, terwijl zij de laatste honderd jaar nauwelijks nog hebben meegedongen naar hoofdschapstitels – maar daar komt sinds de jaren 1990 weer verandering in). In dit proces zijn ook de fysieke dorpen zelf, als concrete plaatsgebonden verzamelingen huizen, verre van stabiel: vele fysieke dorpen hebben slechts een levensduur van tien tot twintig jaar.

Optionaliteit en frequente mobiliteit ten aanzien van het wonen in een bepaald fysiek dorp betekent ook dat maar weinig mensen kunnen gelden als voor honderd procent 'lid' van een bepaald ideëel dorp. Het is, zoals bijv. de in de volgende hoofdstukken te bespreken genealogie van het dorp Mabombola laat zien, niet onmogelijk om alle huidige leden van een Nkoya dorp in één genealogie te verenigen, maar die genealogie is uiterst gecompliceerd, en de hogere generaties verschijnen niet als een vaste kern van bewoners van dit ene dorp, maar als een aantal weliswaar verwante voorouders van wie echter de meesten hoogstens gedurende een beperkte periode in het dorp woonden, en anderen zelfs in het geheel niet. Gehechtheid aan geboortegrond, en historische manipulatie ten einde zo veel mogelijk plaatselijke voorouders met zo lang mogelijke anciënniteit ter plaatse te kunnen claimen, is in vele samenleving aan de orde,[13] maar aan de Nkoya volstrekt vreemd.

In de praktijk zijn Nkoya dorpen dus tijdelijke neerslagen van conglomeraties van betrekkelijke vreemden, die meestal niet samen zijn opgegroeid en evenmin in elkaars nabijheid zullen sterven, die zich in hun onderlinge betrekkingen voortdurend bewust zijn van het optionele aspect van hun samenleven, en strategisch uitzien naar mogelijkheden om, vooral door intra-rurale verhuizing, hun persoonlijke zekerheid te verbeteren (in termen van bovennatuurlijke, door de oudsten bemiddelde, bescherming tegen ziekte en dood, en vrijdom van hekserij-veroorzakende slepende conflicten). Vluchtig dringt zich de parallel op met wetenschappelijke instituten in de hedendaagse Westeuropese samenleving!

Wat verleent dan aan deze tamelijk vluchtige en willekeurige verzamelingen mensen een besef van eenheid, als basis voor dagelijks samenleven en produceren? Hoe wordt de chaos van individuele strevingen getemd tot een enigszins werkbare sociale orde?

---

[13] Een patroon dat ik bijv. in eerder onderzoek in het bergland van Noord-West-Tunesië heb aangetroffen en in detail geanalyseerd; van Binsbergen 1970, en in voorbereiding (a).

Het antwoord ligt gedeeltelijk in het besef dat men gebruik maakt van dezelfde natuurlijke hulpbronnen in de omgeving, aangevuld met dezelfde beperkte geldmiddelen die in de stadverblijvende dorps-'leden' toesturen, hetgeen coördinatie en overleg noodzakelijk maakt.

Het antwoord ligt gedeeltelijk ook in de activiteiten van het dorpshoofd, wiens historische taak ten aanzien van de organisatie van de productie en de distributie van hulpbronnen binnen het (fysieke) dorp tegenwoordig vooral is toegespitst op conflictbeslechting door vroegtijdige verzoening, alsmede in het tactvol anticiperen op en vermijden van mogelijke conflicten. Het dorpshoofd is hierbij echter in een hachelijke positie omdat hij

- enerzijds de vrede moet bewaren en escalatie tot hekserij moet vermijden,

- maar anderzijds vanwege de magische connotaties van zijn ambt zelf, vooral in de ogen van de jongere leden van het dorp, de meest voor de hand liggende heks is, van wie het lang niet ondenkbaar is dat hij in geheime verbintenissen met persoonlijke kwade geesten zijn meest kwetsbare volgelingen opoffert in ruil voor persoonlijke macht, gezondheid en een lang leven.

Dezelfde tweekoppigheid, tussen integratie en disruptie, zien wij ten aanzien van het huwelijk - zoals wij in detail zullen bespreken in Hoofdstuk 5. De Nkoya sluiten meestal huwelijken buiten het fysiek / ideële dorp maar in bijna de helft van de gevallen binnen de vallei, en gepaard aan het bilaterale verwantschapssysteem legt dit een dicht web van aanverwantschap over de middenverre omgeving van het fysieke dorp. Maar terwijl het bestaan van een dergelijk wijder web de afzonderlijke dorps-identiteit zou kunnen ondermijnen, creëren huwelijkssluiting en de daarmee gepaard gaande onderhandelingen, betalingen (die aan bruidnemers-zijde door meerdere mensen moeten worden opgebracht, en aan bruidgeverszijde over meerdere mensen moeten worden verdeeld), en overdracht van verantwoordelijkheden en vooral van tastbaar geld, juist een situatie waarin zich uit dat web concrete keuzen verdichten naar een der beide zijden toe - zodat zich weer de gelocaliseerde verwantschapskernen profileren als ideëel / fysieke dorpen. *Gebaseerd op verwant-schappelijke mobilisatie* (waaraan een *ad hoc* karakter en opportunisme nooit vreemd is) *in plaats van op vaste regels*, blijft het Nkoya huwelijkssysteem echter voor de participanten onoplosbare tegenstrijdigheden bevatten, conflictstof die vaak over jaren en zelfs tientallen jaren voortwoekert en die geen juridische oplossing kan vinden: noch op dorpsniveau, noch binnen het inheemse valleigerechtshof, noch binnen het door de staat voor een aantal valleien ingestelde 'Plaatselijke Gerechtshof'.[14] Onderzoekers van de samenlevingen in Zuidelijk Centraal Afrika, met name Marwick en Gluckman,[15] hebben al tientallen jaren geleden betoogd dat hekserij-activiteiten, en hekserij-beschuldigingen, bij uitstek gedijen in een dergelijke historische context van structurele rechteloosheid.

Dat is dan ook de schrille realiteit van het Nkoya (fysieke) dorp: de voortdurende dreiging dat de dagelijkse kleine irritaties en fricties die samen wonen, samen produceren, samen consumeren en samen reproduceren onder mensen overal ter wereld opleveren, niet in de hand gehouden kunnen worden, waardoor in een plotselinge crisis de ideologie van saamhorigheid volstrekt wordt opgezegd, en men elkaar en het dorpshoofd alleen nog maar kan zien als kwaadaardige vreemden met wie men zich toevallig ziet samengebracht in één dorp, en met wie men in een gevecht op leven en dood is gewikkeld. De tot dan toe beleden orde valt opeens uiteen, en maakt plaats voor de meest verwoestende chaos. Vooral in perioden van politieke spanning, economische neergang, ziekte, sterfgevallen en opvolgingsstrijd doen zich dergelijke vernietigende (en ook voor de onderzoeker hartverscheurende) uitbarstingen voor (vgl. van Binsbergen 1975b). Hoewel zij maar zelden tot tastbaar handgemeen leiden, is het onder woorden brengen van hekserij-beschuldigingen en hekserij-intenties, en het oproepen van de hele sfeer van onzichtbare terreur, zo vernietigend dat de zwakste partij (een individu of

---

[14] Voor studies van het Nkoya rechtssysteem, *vgl.*: van Binsbergen 1977b, 2011a.

[15] *Vgl.* Gluckman 1955; Marwick 1965a, 1965b; van Binsbergen 2001. Mijn punt is vooral dat hedendaagse anomie door globalisering en penetratie van het kapitalisme te vaak (bijv. Geschiere 1997) wordt aangeroepen als afdoende verklaring voor het voorkomen van hekserij.

een factie) meestal geen keuze openstaat dan het dorp te verlaten – naar een andere verwantschappelijke patroon, en soms naar een nieuw te stichten dorp onder leiding van het hoofd van de vertrekkende factie. Chaos leidt tot verplaatsing, waarna in de opluchting ontkomen te zijn een nieuwe saamhorigheid met een andere verwantenkern wordt opgebouwd, tot de volgende crisis, chaos en verplaatsing.

Dit alles is niet louter een kwestie van *sociale* factoren: van groepsdynamiek en falende conflictbeslechting. In bepaalde fasen in de levenscyclus van een Nkoya dorp ligt de chaos veel meer op de loer dan in andere, onder meer afhankelijk van de beschikbaarheid van natuurlijke hulpbronnen in de omgeving en van inkomen uit de stad, het toenemende antagonisme tussen de generatie van het dorpshoofd en die daaronder, toenemende leiderschapsaspiraties onder de jongeren, toenemende grootte en heterogeneiteit van de tot consensus te brengen groep dorpsleden, demografische toevalsfluctuaties in ledental, sexe, en leeftijd van de groep. Ieder Nkoya dorp doorloopt zijn unieke geschiedenis. Niettemin lijkt het algemene scenario tamelijk vast te liggen, en een veel wijdere toepasbaarheid te hebben in Zuidelijk Centraal Afrika dan op de Nkoya alleen – zoals de genoemde studies over hekserij in dat deel van de wereld duidelijk maken.

Terwijl hierboven het Nkoya patroon van ruimtelijke verankering, chaos en verplaatsing tot dusver in hoofdzaak als een plattelandsaangelegenheid werd besproken, heeft dit verhaal een belangrijke kant van stad-plattelandsrelaties. Door hun geringe omvang als volk, hun perifere positie binnen de Lozi neo-traditionele politieke organisatie, hun grote afstand tot de centrale, door steden omzoomde spoorlijn die Zambia doorsnijdt sinds het begin van deze eeuw, door hun geringe toegang tot scholing ook, hadden de Nkoya ondanks meer dan een eeuw van migratiearbied naar de steden, farms en mijnen van Zuidelijk Centraal en Zuidelijk Afrika, ten tijde van ons veldwerk in de jaren 1970 ternauwernood vaste voet gevonden in de steden van Zuidelijk-Centraal- en Zuidelijk-Afrika. Het ooit in dit deel van de wereld klassieke patroon van:

- geboren worden in het dorp,

35

- een volwassen leven als trekarbeider in de stad

- en bij het begin van de middelbare leeftijd terugkeren naar het dorp,

was in de jaren 1970 voor vele groepen binnen dit subcontinent achterhaald door permanente urbanisatie dan wel meer eenzijdige committering aan het platteland,[16] maar voor de Nkoya toen nog steeds tamelijk geldig.[17] Vanuit het standpunt van de stedelijke migrant bezien kan men zeggen dat het dorp de problemen van de stad opvangt: een stedelijke arbeidsmarkt die – zeker bij de gestadige neergang van de Zambiaanse economie in de jaren 1970-2000 – voor de slecht opgeleide Nkoya onzeker is mede omdat zijn volksgenoten zich nauwelijks collectief een deel van die arbeidsmarkt, noch van de informele sector, noch van de huizenmarkt, hebben kunnen toegeëigenen langs etnische lijnen. Maar ook vormt de stad, als één van de voor jongeren voor de hand liggende bestemmingen na dorpsconflicten, een logische schakel in de rurale verwantschappelijke dynamiek zoals boven beschreven – een oplossing dus voor dorpsproblemen. Talrijk zijn de gevallen waarin jonge Nkoya mannen, tussen de twintig en de vijfenveertig jaar oud, zich in de stad hebben moeten staande houden, niet zozeer omdat zij door de stedelijke economie waren aangetrokken, maar omdat hun verwantschappelijke hulpbronnen in het platteland voorlopig waren

---

[16] Vgl. Bates 1976 – dit boek werd kritisch doorgelicht aan de hand van multivariate statistische her-analyse in: van Binsbergen 1977; voorts Watson 1958; Pottier 1988; Ferguson 1999.

[17] In de volgende decennia is deze situatie langzaam veranderd, zodat de Zambiaanse steden thans zelfs een Nkoya 'elite' van naar schatting enige honderden gezinnen bevatten, waarvan de gezinshoofden min of meer stabiele stedelijke carrières nastreven binnen vooral de middenklasse, en zowel relationeel als cultureel tamelijk los staan van hun arme verwanten op het platteland – die zij echter wel vaak voor politieke en culturele doeleinden pogen te mobiliseren. Een opvallende organisatie binnen deze stedelijke elite is de Kazanga Cultural Association, opgericht in het begin van de jaren 1980 en organisator van een jaarlijks cultureel (muzikaal en dansant) festival in Kaoma district, waarvoor zowel op platteland als in de stad vele vrijwilligersgroepen intensief trainen. Voor mijn studies over deze vereniging, zie de bibliografie (2) aan het eind van deze studie.

uitgeput en de tijd voor een gooi naar eigen dorpshoofdschap nog niet was gekomen.

Verplaatsing, verwantschappelijke strategie, tijdelijke ballingschap naar de stad: dat klinkt als een aanvaardbare uitweg uit de chaos, maar niet als *temmen*, als drastisch aan banden leggen van een problematiek die, zoals in het geval van de Nkoya, een hele samenleving doordringt en ieders levensloop en ervaringswereld tot op grote hoogte bepaalt. Om de chaos die de nauwe betrekkingen tussen leden van de Nkoya samenleving constant bedreigt, te bezweren, te domesticeren tot consensus en saamhorigheid, zijn kunstgrepen nodig die het manipulatieve en opportunistische karakter van deze fysieke dorpen als tijdelijke ontmoetingsplaatsen van vreemden *ontkennen, en doen verkeren in iets van een veel permanenter en onontkoombaarder aard.* Het werkelijke antwoord op onze centrale vraag in dit hoofdstuk ligt dan ook *in de gedachte van het ideële dorp als het werkelijke dorp achter de schijn van het fysieke dorp – alsmede in de constructie van dat ideële dorp door gemeenschappelijke rituelen,* waarin de gelokaliseerde verwantenkern, aangevuld met leden die tijdelijk in de stad verblijven, hun eenheid beleven en die, in muziek, dans en offer, ook werkelijk tijdelijk totstandbrengen. Het Nkoya repertoire van rituelen, en de bijbehorende vormen van muziek en dans, is zeer rijk. Het varieert van het eenzame gebed aan het dorpsheiligdom van de jager die op pad gaat, via verzoeningsrituelen in beperkte kring aan het dorpsheiligdom na een conflict, tot massale levenscisis-rituelen ter markering van het volwassen worden van een vrouw, bij overlijden en bij het overerven van een naam. Laatstgenoemd naamverervingsritueel (*ushwána*) is in dit geheel het belangrijkste.[18]

Een korte beschouwing van *ushwana* kan al duidelijk maken hoe dit

---

[18] Het vormde overigens het onderwerp van een foto-presentatie die gedurende de feestweek ter gelegenheid van de opening van het Pieter de la Courtgebouw van de Faculteit Sociale Wetenschappen Universiteit Leiden (1990), stond opgesteld in de gangen van het Afrika-Studiecentrum samen met andere visuele neerslagen van het onderzoek van dat instituut (van Binsbergen 1990a). Enige van deze foto's zijn in de onderhavige studie opgenomen omdat zij een treffend beeld geven van het Nkoya-leven ten tijde van het veldwerk waarop deze studie is gebaseerd.

ritueel in staat is de vluchtige en heterogene verzameling leden van het dorp te binden door een besef van permanentie en van een verantwoordelijkheid die hun eigen individuele streven te boven gaat. Het ritueel herinnert de deelnemers eraan dat Nkoya het ideële dorp d.w.z. de verwantengroep, ondanks de realiteit van voortdurende positiewisselingen en opportunisme, idealiter zien als de nagenoeg gesloten en permanente verzameling van *mazīna* ('namen', enk. *jizīna*): de hoofdschapstitel van dat dorp, en andere namen die, vrijwel als titels, circuleren binnen de groep en die als eigendom worden beheerd. De namen staan voor nagenoeg onveranderlijke, geconventionaliseerde 'sociale persoonlijkheden', die in het verleden in de voorouders waren geïncarneerd, die bij hun overlijden aan de huidige leden werden doorgegeven, en die door deze laatsten moeten worden doorgegeven aan toekomstige generaties – terwijl men tevens gelooft dat rivale verwantengroepen / ideële dorpen, geconcentreerd in omliggende fysieke dorpen binnen dezelfde vallei, voortdurend trachten zich die namen toe te eigenen, hun dragers te doden, en toekomstige dragers weg te lokken langs lijnen van verwantschappelijke patronage. In de beleving van de Nkoya is dit alles (nog veel meer dan de vele sluimerende conflicten tussen dorpsgenoten) een strijd op leven en dood, waarbij beschuldigingen van hekserij en van gifmoord aan de orde van de dag zijn; veel ziekte en onheil wordt geïnterpreteerd binnen dit kader.

Ushwana, waardoor de overdracht wordt bewerkstelligd van de naam van een overleden individu naar een levende verwant van een jongere generatie, is een uiterst emotioneel, zij het naar buiten toe vooral feestelijk, ritueel, dat gewoonlijk plaatsvindt zes tot achttien maanden na het overlijden van de drager van de te erven naam. Samen met de naam en de meest intieme bezittingen van de overledene (kleding, gebruiksvoorwerpen) erft de erfgenaam de sociale persoonlijkheid van de overledene, en neemt aldus in rituele zin (en soms in letterlijke zin) de kinderen en zelfs de echtgeno(o)t(e) van de gestorvene over. Zoals blijkt uit de woorden en de specifieke verwantschapstermen waarmee de erfgenaam wordt toegesproken op het ochtendlijke hoogtepunt van het ritueel, maakt *ushwana* de erfgenaam letterlijk tot de overledene zelf die is teruggekeerd uit de dood en door de verwanten weer wordt verwelkomd.

Fig. 2. Het dorp Kalelema / Shushewele, Njonjolo, 1977: In voorbereiding op de ontknoping van het *ushwana*-ritueel, zijn de hoofdrolspelers (de weduwnaar, en de zustersdochter van zijn overleden vrouw) neergezet op de centrale dansplaats van het dorp, terwijl verwanten en buren zich rond hen verzamelen.

Aldus viert het ritueel de overwinning van de verwantengroep op de dood van het individu, op de sociaal-organisatorische noodzaak dat een groep zich steeds moet vernieuwen in het licht van het door de dood wegvallen van zijn leden, – een problematiek die de Nkoya op *emic* niveau conceptualiseren als de hekserij-aanvallen door concurrerende groepen. Maar de belangrijke functie van het feest lijkt te zijn: juist tijdelijk deze conflicten binnen de vallei te overstijgen. Naast de leden van het dorp die het ritueel organiseren en er de aanzienlijke kosten van dragen (grote hoeveelheden bier en brandhout, en witte kleding voor de erfgenaam), naast stedelijke migranten die speciaal voor de gelegenheid zijn overgekomen, en naast de onmiddellijke verwanten van de hoofdrolspelers, nemen met name *de leden van de omringende dorpen in de vallei* uitdrukkelijk deel aan *ushwana*. Een grote rol is hierbij toebedeeld aan de jongste generatie. De belangrijkste dansers en muzikanten zijn tieners uit de hele vallei, die over het algemeen slechts de feestnacht meemaken en naar huis terugkeren (meestal na amoureuze omwegen) nadat de muziek in de nanacht verstomd is. De nadruk op de jongeren heeft een diepe betekenis: zonder hen niet de continuïteit van de samenleving tegen het vaak disruptieve machtsstreven van de oudsten in.

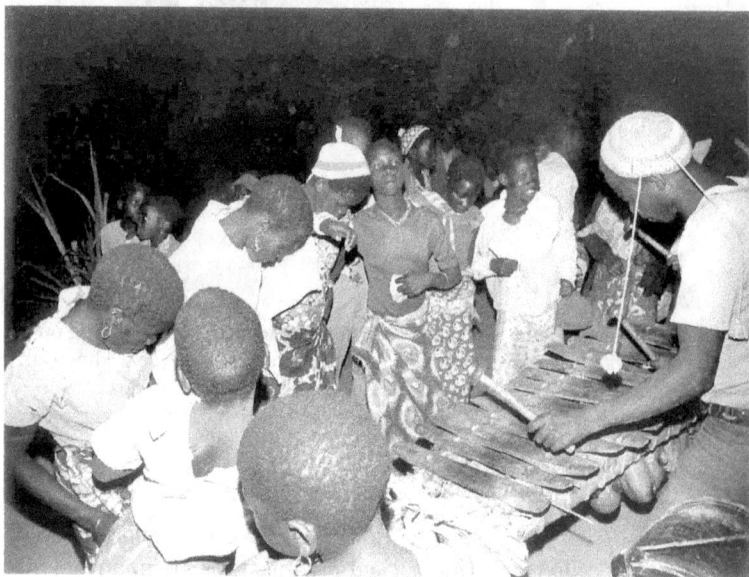

Fig. 3. Het dorp Kalelema / Shushewele, Njonjolo, 1977: Jongeren uit dit dorp en de naburige dorpen dansen met overgave tijdens het nachtelijke muziekfeest dat onderdeel is van het *ushwana*-ritueel.

De erfgenaam wordt al rond middernacht aangewezen door de oudsten, maar moet binnen een rieten omheining nog een fase doormaken van rituele afzondering alvorens – bij een daartoe speciaal opgericht heiligdom in de standaardvorm van een gevorkte tak – in de eerste stralen van de ochtendzon te worden voorgesteld aan de gemeenschap als de nieuwe drager van de naam. De (door slaaptekort en overvloedig drankgebruik geïntensiveerde) verrukking, de hete vreugdetranen, waarmee men bij die gelegenheid in de persoon van de erfgenaam de verloren verwant begroet, – de wellust waarmee men voor enige ogenblikken de tijd kan stilzetten, terugzetten zelfs, en een nichtje of kleinzoon publiekelijk kan toespreken met de verwantschapsterm en de intieme naam van een verloren zuster of vader – maken definitief (dat wil zeggen tot aan de volgende dorpscrisis, het volgende sterfgeval) een einde aan de ontzetting, bitterheid en de in hekserij-termen vertaalde agressie waarmee men een jaar eerder op het bericht van de dood had gereageerd. Het is het mooiste ritueel dat de Nkoya hebben: het ziet de chaos en moorddadigheid die voor elke Nkoya volkomen vanzelfsprekend centraal staat in de verwantschappelijke ervaring, – de dood zelf – in de ogen, en wint, voor een ogenblik.

Deze vorm van zingeving door ritueel en geloofsvoorstellingen kunnen wij niet op waarde schatten als wij haar zien als een statisch gegeven van de Nkoya cultuur. Dan zou immers onbegrijpelijk blijven waarom zij niet van stal gehaald kan worden op het moment van de grootste verwantschappelijke crisis, als alle vertrouwen en intimiteit binnen of tussen dorpen wordt opgeschort. Ook zulk een zingeving is niet meer dan een fase in het verwantschapspolitieke proces, een terugkeer tot de sociaal-symbolische ordening nadat deze in de chaos van ongebreideld conflict zodanig is ontkend dat de groep het nauwelijks overleefd heeft. De evocatie van de voorouders is enerzijds een mechanisme om de groep te doen overleven – maar evenzeer een teken dat die overleving om andere dan ideologische of symbolische redenen al een feit is.

De combinatie van vestigingspatroon, verwantschap en zingeving binnen een kleinschalig kader waarin de stad perifeer en de staat nagenoeg onzichtbaar is, maakt de rurale samenleving van de Nkoya tot een die dadelijk als traditioneel Afrikaans te herkennen is. Laten wij in het volgende hoofdstuk gaan zien hoe deze algemene thema's tot uitdrukking komen in één bepaald dorp binnen de Nkoya samenleving, namelijk in het dorp Mabombola.

Fig. 4. Het dorp Kalelema / Shushewele Njonjolo, 1977: Als de zon opgaat in de ochtend van het *ushwana*-ritueel blijken de trommels die 's nachts bespeeld werden, gestald te zijn in het dorpsheiligdom. Let op de gevorkte takken, die de standaardvorm vormen van het boomheiligdom (*vgl.* van Binsbergen 1981a: hst 3). Offergaven in de form van maïsbier en honing zijn aan de takken opgehangen. Op de achtergrond mensen die het nachtelijk ritueel hebben meegemaakt en die nu wachten op de voortzetting van het *ushwana*-ritueel naar zijn ochtendlijk hoogtepunt.

Fig. 5. Het dorp Kalelema / Shushewele, Njonjolo, 1977: Tegen zonsopgang wordt een trommel die in de nanacht in het dorpsheiligdom was gestald, teruggebracht naar de centrale dansplaats van het dorp, om daar bespeeld te worden tijdens de slotfase van het *ushwana*-ritueel.

Fig. 6. Het dorp Kalelema / Shushewele, Njonjolo, 1977: Na het hoogtepunt van het *ushwana*-ritueel, maken de deelnemers het resterende maïsbier op en gaan zij over tot vrolijke en plechtige dansen, terwijl op de rituele rietmat (*shitete*, rechts voor) de hoofdrolspelers in het ritueel tot ontspanning komen. Let op de baby (kind van de overleden vrouw) in de armen van dier weduwnaar, vlak naast de erfgename wier haar zojuist besprenkeld is met wit meel door rijen van verwanten en buren.

3. Inleiding tot het dorp Mabombola, en tot theorie en methode nodig voor een bespreking van zijn vestigingsgeschiedenis

3.1. Het dorp Mabombola

De in het vorige hoofdstuk beschreven processen waardoor de sociale ruimte van ieder lid van de Nkoya samenleving wordt bepaald in een voortdurende dynamiek, kunnen goed geïllustreerd worden aan het dorp Mabombola zoals zijn officiële naam luidt binnen de neo-traditionele politieke organisatie van het vorstendom Kahare – het dorp wordt ook wel vaak Nkingēbe genoemd naar de persoonsnaam van het dorpshoofd.

Mabombola is gelegen in de Njonjolo-vallei, waar sinds het begin van de jaren 1920 het vorstenhof van *Mwene* ('Vorst') Kahare is gevestigd, één van twee voornaamste vorsten van de Nkoya in Kaoma-district (daarbuiten zijn er nog twee koninklijke vorsten van de Nkoya: *Mwene* Kabulwebulwe in Mumbwa-district, en *Mwene* Mumba nabij Livingstone, in het Zuiden van Zambia). Elke vorst was gewoon om bij zijn troonsbestijging een nieuw hof te bouwen; dat van zijn voorganger werd verlaten om weer volledig op te gaan in het omringende bos.

Nadat zijn directe voorganger en vader, *Mwene* Shamamano, ongeveer tien kilometer naar het Zuiden had verbleven, aan de Yange-stroom, bouwde *Mwene* Kahare Timuna zijn hof aan de zuidelijke oever van de Njonjolo-stroom (*vgl.* Clay 1946). In de regentijd (october-februari) kan men deze rivier soms moeilijk oversteken. Dit begon te klemmen met de vestiging van moderne centrale plaatsen (districtscentrum, school, kerk, trog om vee in vloeibaar medicijn tegen tsetse onder te dompelen, etc.), en toename van de betrekkingen tussen de districtsoverheid en het vorstenhof in de loop van de koloniale tijd. Van de andere kant waren deze nieuwe centrale plaatsen zodanig gesitueerd dichtbij de bevolkingsconcentratie rond het vorstenhof, en hadden zij zodanige investeringen geëist, dat verplaatsen naar een geheel andere vallei (zoals voordien gebruikelijk bij overlijden van een vorst) niet langer wenselijk was. Vandaar dat Timuna's opvolger, *Mwene* Kahare Kabambi, na zijn troonsbestijging in 1955 (hij was eerst lage beambte aan het districtscentrum geweest, en sergeant in het koloniale leger) zijn hof verplaatste naar de noordelijke oever van de Njonjolo, vanwaar een redelijke onverharde weg van vijfentwintig kilometer het hof verbindt met de oost-west-route Lusaka–Barotseland, die in de jaren 1930 gereedgekomen was. In de loop van decennia groeide een nieuwe bevolkingsconcentratie op de noordelijke Njonjolo-oever rond Kabambi's hof: kleine nederzettingen, wier bewoners vooral afkomstig waren van dorpen op de zuidoever, terwijl deze laatste dorpen zelf zich desondanks overwegend handhaafden op een aanzienlijk inwonertal. Al spoedig bouwde de districtoverheid ter plaatse een eenvoudig vorstelijk paleis van vier vertrekken waaronder een troonzaal, in baksteen en gedekt met zinken golfplaat. *Mwene* Kahare Kabambi stierf in 1993 op 72-jarige leeftijd. Zijn opvolgers bleven op dezelfde plaats hofhouden.

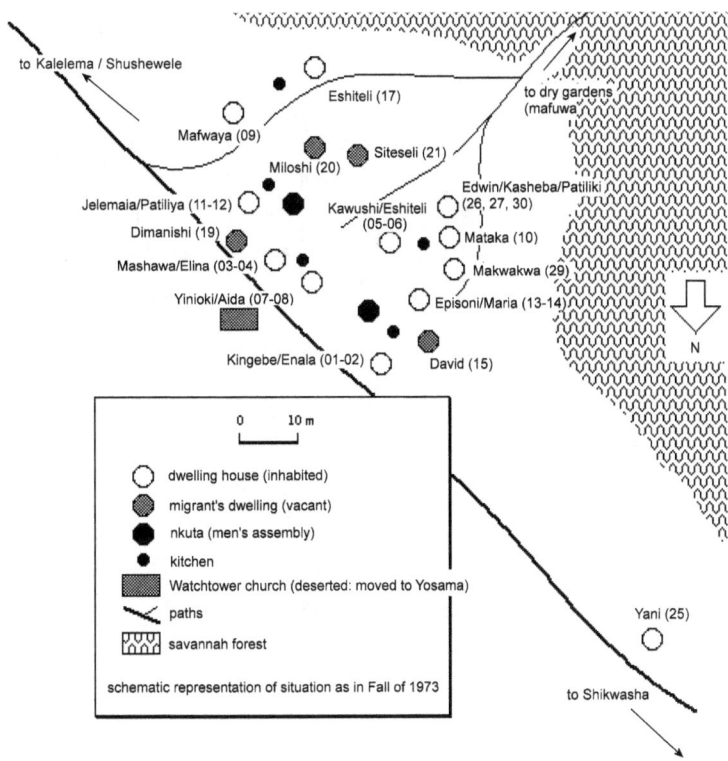

to Kalelema / Shushewele

Eshiteli (17)

to dry gardens (mafuwa)

Mafwaya (09)

Siteseli (21)

Miloshi (20)

Edwin/Kasheba/Patiliki (26, 27, 30)

Jelemaia/Patiliya (11-12)

Kawushi/Eshiteli (05-06)

Dimanishi (19)

Mataka (10)

Mashawa/Elina (03-04)

Makwakwa (29)

Yinioki/Aida (07-08)

Episoni/Maria (13-14)

Kingebe/Enala (01-02)

David (15)

N

0   10 m

○ dwelling house (inhabited)

◉ migrant's dwelling (vacant)

● nkuta (men's assembly)

• kitchen

▦ Watchtower church (deserted: moved to Yosama)

✕ paths

▦ savannah forest

schematic representation of situation as in Fall of 1973

Yani (25)

to Shikwasha

Fig. 7. Schematische plattegrond van het dorp Mabombola volgens de toestand in het najaar van 1973

47

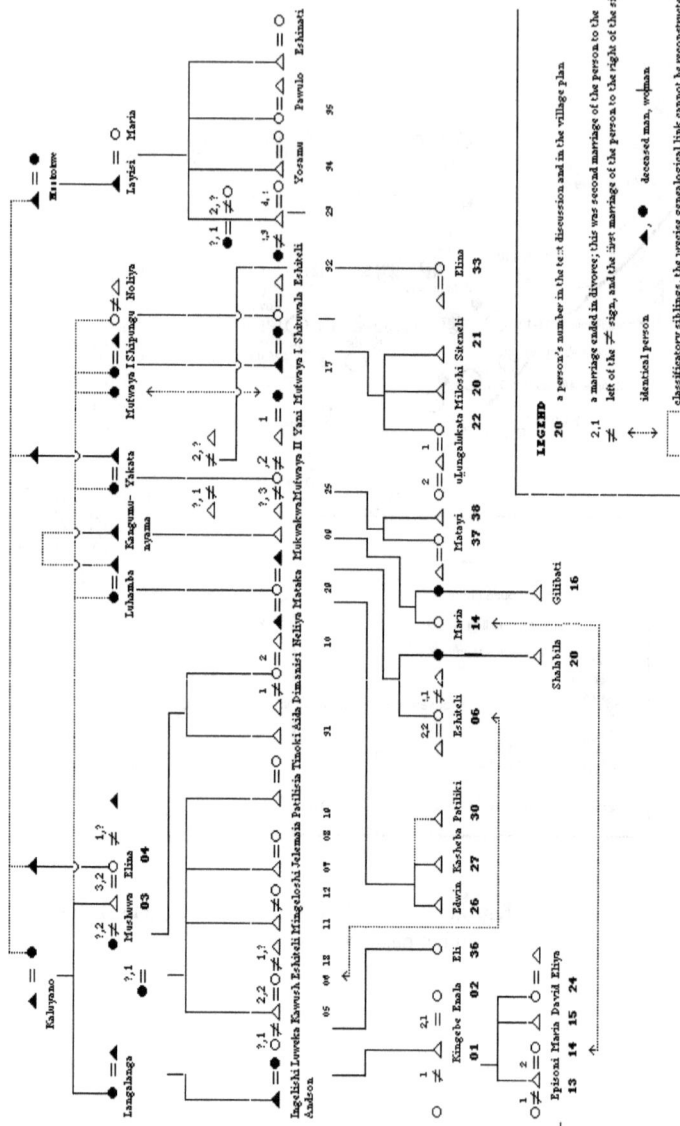

Fig. 8. Vereenvoudigde overzichtsgenealogie van het dorp Mabombola

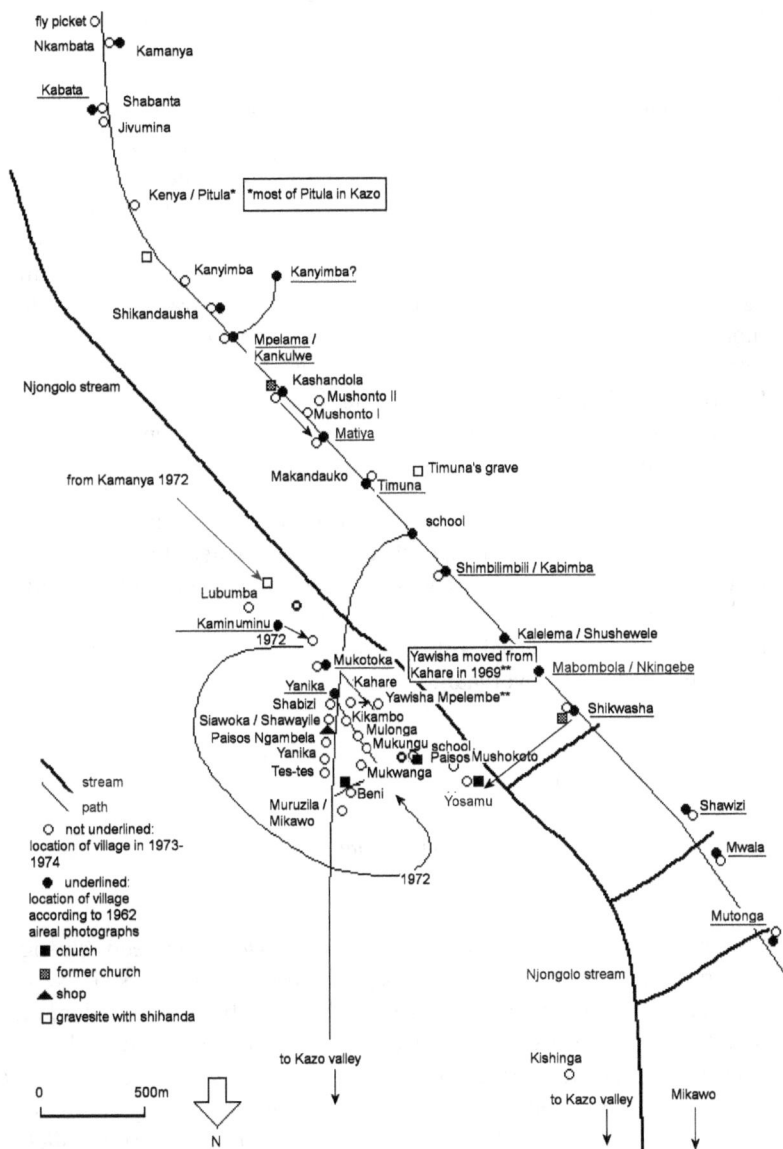

Fig. 9. Kaart van de dorpen in de Njonjolo-vallei, 1962-1973

49

De algemene trend binnen de vallei, binnen de gehele Nkoya samenleving, zelf geheel Zambia, naar het bevriezen van residentiële mobiliteit in de loop van de twintigste eeuw zien wij weerspiegeld in de geschiedenis van Mabombola. Rond de eeuwwisseling was een dorp van die naam gevestigd aan de Muzeu-rivier, stroomafwaarts van de Yange; vandaar verhuisde het dorp ca. 1930 naar zijn huidige plaats aan de zuidoever van de Njonjolo, terwijl rond 1970 twee clusters van 'leden' van Mabombola de oversteek naar de noord-oever maakten. Intussen heeft er nog een dorp Mabombola bestaan aan de Lemvu, een zijrivier van de Luampa. Mufwaya (09) woonde hier ca. 1945, voordat zij na een viertal huwelijken (geenszins een uitzonderlijk aantal onder de Nkoya) belandde in het huidige Mabombola. Dit Mabombola aan de Lemvu was voor een min-derheid van de huidige leden van Mabombola een tussenstap tussen de Muzeu en de huidige locatie aan de Njonjolo.

Ik heb, op de voorgaande bladzijden, van het dorp Mabombola aan de Njonjolo eerst de plattegrond, de gereconstrueerde overzichts-genealogie en de schetskaart van de vallei laten zien, zodat wij nu slechts enige theoretische en methodologische details moeten behandelen alvorens wij tot een gedetailleerde bespreking van Mabombola kunnen overgaan.

3.2. Verwantschap

3.2.1. Parallelneven en kruisneven, en het systeem van classificatorische verwantschap

Binnen het Nkoya verwantschapssysteem wordt er een streng onderscheid gemaakt tussen enerzijds b r o e r s e n z u s t e r s / s i b l i n g s (mensen die een of meer biologische ouders delen, of parallelneven van welke graad van ook - het systeem is dus classi-ficatorisch), en anderzijds n e v e n, welke categorie alleen op kruisneven (van welke graad dan ook) van toepassing is. In de antropologische verwantschapstheorie zijn A en B elkaars *parallel-neven* indien zij in de voorgaande generatie verbonden zijn door respectievelijke ouders die

(a) siblings waren – hoe dan ook classificatorisch uit te breiden) en

(b) van hetzelfde geslacht waren.

Is (b) niet van toepassing dan hebben wij met kruisneven te doen. Fig. 10 licht een en ander toe.

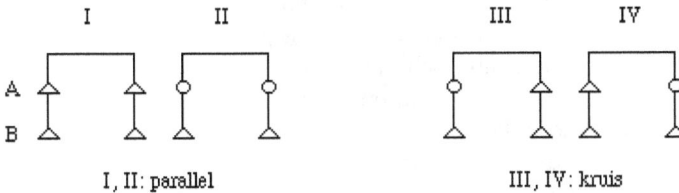

I, II: parallel   III, IV: kruis

De figuur toont in generatie B neven van de eerste graad; de individuen in deze generatie mogen ook als vrouwen gelezen worden. Bij parallelneven bevat de korte verbindingsketen van verwanten in generatie A slechts twee personen van hetzelfde geslacht (Ego is FBS of MZS van Alter), bij kruisneven verspringt hun geslacht in generatie A (Ego is MBS of FZS van Alter). Binnen een classificatorisch systeem als dat van de Nkoya kunnen de biologische siblings in generatie A van I-II vervangen worden door parallelneven van willekeurig welke graad. In principe zou een dergelijke classificatorische extensie van kruisneven (III-IV) ook mogelijk zijn, maar in de praktijk beperkt de onderkenning van kruisneven door de participanten zich tot nauwe verwantschap van de eerste en tweede graad.

Fig. 10. Parallel- en kruiscousinage

Nkoya termen voor siblings zijn: *yaya* ('oudere sibling'), *mukonzo* ('jongere sibling'), *mpanza* ('zuster ongeacht senioriteit' – soms ook gebruikt voor 'broer'); de term voor parallelneef is *mufwala* (ongeacht geslacht en senioriteit).

Tussen siblings bestaat een incestverbod. In principe is dit van kracht ongeacht de graad van verwantschap (zoals men in een classificatorische logica mag verwachten). In feite echter laat men het verbod vallen bij hoge graden van verwantschap, terwijl er een tussengebied is waarin inbreuk op het incestverbod als problematisch en ongewenst maar niet misdadig beschouwd wordt.[19] Bij het analytisch reconstrueren van genealogieën, waarover zo dadelijk, levert een opgave in de trant van

'P en Q waren siblings', ofwel

'Q was gehuwd met R, een lid van zijn familie'

dan wel geen preciese genealogische informatie, maar wel aanwijzingen over de aard van verwantschap als parallel dan wel gekruisd. Aangezien de classificatorische logica tot op grote hoogte preciese genealogische kennis vervangt, en zowel irrelevant maakt als praktisch onmogelijk, is het niet zinvol precies aan te geven bij welke analytische graad van verwantschap het incestverbod nog wel en waar niet meer van kracht is – dit hangt sterk af van de perceptie, door de participanten, van feitelijke verwantschap tussen specifieke individuen in kwestie.[20]

Ondanks de extreme ramificaties van bilaterale verwantschap bestaat de Nkoya maatschappij toch voor elk van zijn leden voor een niet onaanzienlijk deel uit niet-verwanten (*bashenge*: 'anderen').

3.2.2. Genealogische kennis en namen van personen

In mijn boek *Tears of Rain: Ethnicity and history in central western Zambia* (1992) heb ik de problemen die betrokken zijn bij het

---

[19] Een voorbeeld hiervan heb ik besproken in mijn reeds genoemde studie, van Binsbergen 1979a: het huwelijk tussen de grootouders van de protagonist Edward Shelonga (*pseudonym*).

[20] Onder de talloze studies van classificatorische verwantschap in de antropologie, noem ik Köbben 1969; de merkwaardige parallellen tussen de Surinaamse Djuka situatie die hij beschrijft, en de Nkoya situatie (met name de 'Buik'-terminologie), zijn ten dele te danken aan structurele convergentie, maar misschien ook enigszins aan invloeden vanuit Zuidelijk Centraal Afrika op Noord-Oost-Zuid-Amerika, via de trans-Atlantische slavenhandel. Overigens vertoont de Djuka-situatie in de *religieuze* sfeer (vgl. Thoden van Velzen & van Wetering 1988, 2004) voornamelijk parallellen met West-Afrika, met name met de Manjacos van Guinee-Bissau, bij wie ik in tussen 1981 en 1983 veldwerk verrichtte (van Binsbergen 1988).

opnemen en reconstrueren van genealogieën uitvoerig besproken. Ik geef hieronder de relevante passage weer (van Binsbergen 1992: 112 *e.v.*):

'the handling of kinship terms and terms for social groups

'What becomes clear from this discussion is that, in translating *Likota lya Bankoya* [een belangrijke en omvangrijke compilatie van Nkoya orale tradities, door mij in een kritische uitgave verzorgd], the problems of gender identification [doordat de Nkoya taal geen geslacht kent blijkt het vaak moeilijk om het geslacht van historische en mythische personen te bepalen] shade over into those of the definition and translation of Nkoya kinship terms, and the handling of fragmentary, and apparently contradictory, genealogical information. A very specific kinship logic is ingrained in the English kinship terms (father, mother, brother, sister, etc.) which present themselves as translations for the Nkoya terms, and the English terms particularly lack the extreme implications of classificatory use as inherent in their Nkoya counterparts. Even when studying, and living, the Nkoya kinship system for years in a setting of anthropological participation, it is only gradually that one realizes the full extent of the working of a classificatory system. In contemporary Nkoya villages the concrete, specific genealogical ties between individuals are not important, and (beyond the primary relations between very close kin) are seldom known to any degree of detail and exactitude. What matters in the definition of kinship-based claims, obligations and expectations are the broad general group categories in which individuals fall. In the great majority of cases, a *manda* ['moeder'] featuring in the text of *Likota lya Bankoya* would not appear to be her *mwana*'s ['kind'] biological mother but more likely the latter's distant matrilateral relative, not even necessarily of one generation up. By the same token, *bakonzo*, which theoretically could mean 'younger siblings of the same father and the same mother', in any specific passage much more likely means 'classificatory junior parallel cousins', and practically amounts to either

1. 'rather distant junior kinsmen who happen to belong to the same micro-political faction, with a tendency toward co-residence and joint productive and military action' (in other words, a section of the village group or *likota*), or

2. 'junior branch of a matrilineal segment'.

The latter reflects the fact that a major conceptualization of genealogical and / or political ties among the Nkoya is that in terms of *livumo lya lyinene* versus *livumo lya lyishe*: 'big womb' versus 'little womb', or technically speaking 'senior matri-segment' versus 'junior matri-segment'. [zie onder] (...) In fact however, the senior and junior lines that are thus conceptualized are shifting and ill-demarcated political units, which reflect the history of valleys, villages and village sections, their struggle for succession to major titles, and the success with which they have managed to direct and to counter allegations of slavery status among each other. In the last analysis, here as elsewhere, genealogies are primarily shorthand expressions for political relationships (...).

With such diffuseness and flexibility, the pasting together of genealogies, and assigning such specific kinship terms as the English usage forces upon us, is a very difficult and uncertain task, in which one constantly moves back and forth between interpretation, translation, drafting of contradictory genealogical fragments, re-interpretation, etc.

The matter is further complicated by the fact that the major terms the Nkoya text uses for social groups are far from defined with anthropological scientific rigour. Thus *liziko*, literally 'branch', and in terms of social organization meaning 'minimal matri-segment', is used in a loose sense in *Likota lya Bankoya*, and the main operative term to denote kin groups is *livumo*, 'womb', 'belly', 'stomach'. Used in a genealogical context its principal meaning is 'maximal matri-segment', which however seemed too technical to form an adequate translation in the context of *Likota lya Bankoya*. Instead the term 'matrilineage' is used, but with considerable reserve. Matri-segments are not, in the Nkoya consciousness and social practice, pieced together so as to form impressive genealogical chains mounting over many generations – in other words they do not form corporate units that could be construed to be matrilineages in the academic technical sense. Beyond the indisputable core membership, the demarcation of the *livumo* is on micro-political and residential grounds and not on genealogical ones. The unit thus designated may include agnates, affines and even non-kin clients and slaves, in addition to cognates (...).

In this respect the logic of Mr H.H. *Mwene*'s kings' lists [aanvullend materiaal toegevoegd aan *Likota lya Bankoya*], suggestive of clearly demarcated lines of descent, streamlined and with duly attributed dynastic numbers, is far removed from past and present Nkoya practice,[21] and clearly seeks to emulate academic examples deriving from a totally different discourse than Nkoya political culture. (...) Matri-segments are distinguished mainly *in order to be juxtaposed with one another*, as senior and junior lines:

'These, finally, are the Nkoya known as the Shikalu but they are the same stock as the Nkoya of *Mwene* Mutondo; they are all from one matrilineage: the junior line of the Sheta clan.' ([*Likota lya Bankoya*] 38:7)

---

[21] In 1992 schreef ik deze afwijking slechts toe aan Bijbelse invloed (Rev. Shimunika, auteur van *Likota lya Bankoya*, was de eerste Nkoya pastor en bijbelvertaler), inmiddels is daar het besef bijgekomen van omvangrijke Zuid-aziatische invloed op datgene waaruit de bulk van *Likota lya Bankoya* blijkt te bestaan: in hoofdzaak niet proto-historisch, maar mythisch materiaal van verre herkomst; vgl. van Binsbergen 2010b, 2010c, 2012a, 2012c, in voorbereiding (b).

Seniority in this context is presented, in the Nkoya genealogical logic, as deriving from the sibling birth order of the ancestresses involved; but the 'sisters' thus juxtaposed as ancestresses are only classificatory sisters, who in fact may have been distant matrilateral or even affinal relatives belonging to different genealogical generations, or mere co-wives, – or even non-kin presented as kinsmen because the social and political universe is primarily structured, and positions therein are primarily legitimated or contested as the case may be, in terms of genealogical relations. Thus, slave status, descent from successive husbands or from junior wives, may affect the perception of junior status as much as the ancestresses' real or putative sibling birth order.

genealogies

Genealogies constructed on the basis of the principles outlined above are charters of group relations, of political claims, more than renderings of historical family trees involving real people in correct biological relationships. Nkoya genealogies are shallow and kaleidoscopic, both in a context of *Wene* [koningschap] and among commoners. The distinction is not too meaningful however since clan exogamy and ambilineal inheritance of clan affiliation effectively blur (...) the outlines and succession prerogatives of royal clans and makes dynastic groups into political factions rather than genealogically-defined matrilineal segments in the strict, technical sense.

Yet, in principle the abundant genealogical information in *Likota lya Bankoya* invites us to paste it together into coherent genealogies. The many specific problems which arise are discussed with reference to the actual data, in the footnotes to *Appendix 3* [van het boek *Tears of Rain*].

Here we encounter the full set of options for genealogical manipulation, with which the oral historian is familiar: telescoping (the collapsing of any number of adjacent generations); the spurious fusion of descent lines that in reality would be unrelated; the spurious fission of branches as unrelated whereas in reality they would be related; the placement of the same character in a number of contradictory genealogical positions; the reversion of a character's gender; the transformation of genealogical relations between close kin – parents changing positions with their children, nephews being represented one generation up, as cousins or brothers; the representation of descent in the dominant (matrilineal) line as patrilineal and *vice versa*; the representation of relations of political and social inferiority as relations between senior and junior kinsmen, or between adjacent generations, etc. The result is a most entertaining puzzle, which we can never hope to solve in terms of a reconstruction of historically accurate genealogical relations between specific individuals (for one thing, before the nineteenth century we do not even know if we are dealing with historical individuals, mythical constructs, or a mixture) – but which at best yields an awareness of the overall structural principles at work.

In the Nkoya case, the participants' genealogical manipulation is greatly facilitated by the institution of name inheritance (*ushwana*), which makes for the proliferation of personal names in successive generations. Namesakes in adjacent generations may tend to be merged as a result of telescoping, and in my genealogical reconstructions it sometimes proved helpful to assume that behind a particular name (the major example being *Mwene* Manenga) several characters were hiding, bearing the same name but belonging to successive generations.

The genealogies in *Appendix 3* [van het boek *Tears of Rain*] demonstrate that often more or less acceptable solutions can be offered for the problems of kinship and genealogical interpretation and manipulation – without any claim to historical accuracy, yet managing to sum up the information in *Likota lya Bankoya* with a lesser degree of internal contradiction than a first reading of the text would suggest. The genealogical relations thus emerging are the result of interpretation, cross-checking and re-interpretation of the Nkoya text; subsequently, they have formed the guidelines for the rendering of genealogical relations in the text of the English translation [van *Likota lya Bankoya*]. *Their uses beyond those of making an internally consistent English translation are slight, their historical contents largely fictitious.*'

Deze vele en aanzienlijke moeilijkheden en hun onvolkomen oplossingen doen zich ook voor in het meer beperkte geval van de genealogische reconstructie van het dorp Mabombola. Het voorbehoud ten aanzien van de genealogieën gepresenteerd in *Tears of Rain* geldt dus ook ten aanzien van de genealogische reconstructies gepresenteerd in deze studie.

In het algemeen wordt de genealogische kennis van de Nkoya participanten, en hun analytische en synthetische interpretatie door de etnograaf, beïnvloed door het feit dat mensen meerdere namen hebben, dat zij gedurende hun leven veelvuldig van namen wisselen, dat zij namen erven, dat in dat proces ook verwantschaps- en huwelijksrelaties worden geërfd zodat delen van genealogieën in elkaar schuiven.

Ondanks het bilateraal karakter van het Nkoya verwantschapssysteem worden personen genoemd bij hun eigennaam gevolgd door de naam van hun vader.

3.2.3. 'Grote Buik' versus 'Kleine Buik'

Een juist begrip van classificatorische verwantschap in de Nkoya samenleving opent ons de ogen voor het feit dat het opleggen van een analytisch genealogisch model een fictie is die aan deze samenleving in belangrijke mate wezensvreemd is. De grove classificatie in termen van het verwantschapssysteem (zie het schema van Nkoya verwantschapsterminologie, Fig. 12) leidt tot identificatie van grote groepen mensen in globale verwantschappelijke categorieën. Classificatorische verwantschap betekent onder meer dat de genealogische keten tussen twee mensen versimpeld wordt voorgesteld.

Aldus bestaat een belangrijk deel van de sociale omgeving van een individu uit classificatorische siblings, waarbinnen het meestal irrelevant en (door gebrek aan specifieke genealogische kennis) ook nagenoeg onmogelijk is om preciezer verwantschappelijke relaties af te bakenen. Het Nkoya verwantschapssysteem kent echter een belangrijke mogelijkheid om een onderverdeling aan te brengen binnen de ruime categorie van classificatorische siblings, en dat is door te onderscheiden tussen de 'Grote Buik' (*livumo lya lyinene*) en de 'Kleine Buik' (*livumo lya lyishe*). Ten opzichte van Ego bevinden zich de volgende typen classificatorische siblings in de 'Grote Buik':

(a) kinderen van seniore siblings van Ego's vader en moeder;

(b) kinderen van seniore co-vrouwen van Ego's moeder.

(c) leden van groepen ten opzichte waarvan Ego en zijn directe verwanten zelf een slavenstatus erkennen te bekleden.

In principe is de categorie 'in de Grote Buik' een uitbreiding, naar verdere graden van verwantschap toe, van het onderscheid naar senioriteit dat al tussen siblings gemaakt wordt. Vandaar dat voor verwanten 'in de Grote Buik' steeds de verwantschapsterm *yaya* ('oudere broer of zuster') wordt gebruikt, en voor verwanten 'in de Kleine Buik' de term *mukonzo* ('jongere broer of zuster'), ongeacht de feitelijke leeftijdsverhoudingen tussen spreker en aangeduide persoon. Het respect dat men aan seniore biologische siblings verschuldigd is geldt ook daadwerkelijk voor verwanten 'in de Grote

Buik', en uit zich naast het gebruik van de juiste verwantschapsterm in het gebruik van respectvolle grammaticale vormen (meervoud) en tussenwerpsels (met name de vorm *Ee mwane*, 'Ja gij'), het vermijden van bepaalde onderwerpen en toespelingen (bijv. sexuele) in gesprekken, en het aannemen van respectvolle lichaamshoudingen en ruimtelijke asrrangementen rond de persoon in kwestie.

De classificatorische logica houdt in dat elk van de verwantschapstermen onder (a) tot (c) in principe als classificatorisch kan worden opgevat, maar deze keer niet tot een onbeperkte graad: het onderscheid 'Grote Buik' / 'Kleine Buik' is een van de weinige situaties in het Nkoya verwantschapssysteem waarbij een historisch besef van specifieke, concrete genealogische ketens tot op een zekere, geringe hoogte in het geding wordt gebracht. Van de andere kant doet deze logica zich gelden in die zin dat de connotaties van zich 'in de Grote Buik' bevinden, zich meedelen aan andere, latere generaties dan die welke volgens bovenstaande regels als (a) tot (c) worden gedefinieerd. Aldus wordt de strikt situationele, vanuit Ego gedachte aard van de begrippen 'Grote Buik' en 'Kleine Buik' enigszins afgezwakt en nemen deze begrippen min of meer het karakter aan van permanente, ook voor Ego's naaste verwanten geldige clusters, die zelfs in de richting gaan van lineage-segmenten. Bijv. in het geval[22] van het verwantschapsdiagram in Fig. 11 noemt A niet alleen B maar ook C, hoewel van een jongere generatie, bij de term *yaya* op grond van B's en C's beider positie in de 'Grote Buik'.

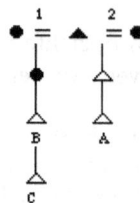

Fig. 11. Gebruik van de term 'Grote Buik'

---

[22] Cf. van Binsbergen 1979a: diagram 1: A = 'Muchati' (7), B='Kawoma' (24); nummering zoals in dat artikel.

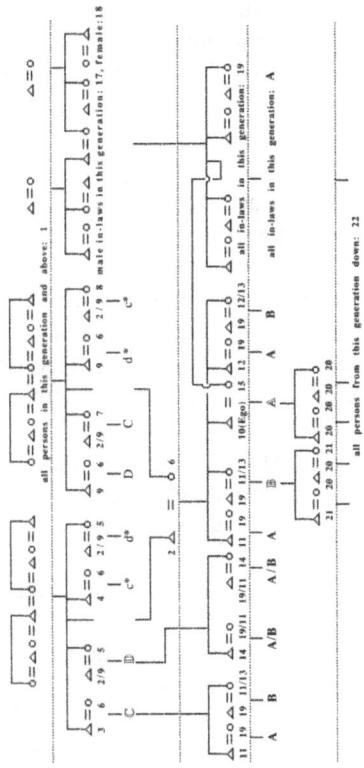

legend diagram 4

— the eldest member of a sibling group appears to the left, the youngest to the right.
— a slash '/' indicates alternative terms.
— dotted lines separate generations
— terms for descendants have only been spelled out in full for the descent lines marked by

outlined capitals $\mathbb{A}$, $\mathbb{B}$, $\mathbb{C}$ and $\mathbb{D}$; for the other cases non-outlined capitals indicate

what terms are used for descendants: A as $\mathbb{A}$;

$\mathbb{B}$ as $\mathbb{B}$; C as $\mathbb{C}$; D as $\mathbb{D}$.
— descent lines marked with '*' use terms for descendants as according to the corresponding

outlined capital (e.g. c* as $\mathbb{C}$), with this

proviso that 'yaya' becomes 'mukonzo' because parent of descendant is junior to Ego's parent.
— compound terms are often shortened to the main word, e.g. 'tati wa linene' becomes simply 'tati'.
— Here and below the following symbols are employed for genealogical diagrams:
triangle = a man;
circle = a woman;
symbol filled out in black = deceased;
symbol outlined only = alive;
horizontal line = sibling relation;
vertical line = filiation;
dotted line = putative link.

codes for kinship terms:

1. *nkaka* ('grandparent')
2. *tati* ('father')
3. *tati wa linene* ('senior father')
4. *tati wa kanuke* ('junior father')
5. *tati wa mbeleki* ('female father')
6. *mawa* ('mother'; also used for mother's brother)
7. *mawa wa linene* ('senior mother')
8. *mawa wa kanuke* ('junior mother')
9. *kanyantu* ('mother's brother')
10. *ami* ('Ego')
11. *yaya* ('senior brother/sister')

12. *mukonzo* ('junior brother/sister')
13. *mpanza* ('sister')
14. *mufwala* ('cross cousin')
15. *mukazi* ('wife')
16. *mulume* ('husband')
17. *mukowa* ('father-in-law')
18. *mukokwa* ('mother-in-law')
19. *mulamu* ('brother/sister-in-law')
20. *mwana* ('child')
21. *mwipa* ('sister's child')
22. *muzukulu* ('grandchild')

Fig. 12. Nkoya verwantschapsterminologie (van Binsbergen 1992a: 108 *e.v.*).

59

Een belangrijk gegeven valt hierbij op: de indeling naar 'Grote Buik' / 'Kleine Buik' doorkruist de afleidingsregels voor parallelneven / kruisneven, en lijkt over de laatste dominant te zijn. In strikt genealogische termen kunnen A en B slechts gelden als elkaars *mufwala*, 'kruisneef', aangezien hun ouders halfbroer en halfzuster waren. Niettemin gaan zij door voor als classificatorische siblings. Het is niet zeker of een dergelijke onderschikking van deze twee centrale ordeningsprincipes in het Nkoya verwantschapssysteem altijd optreedt (gezien het flexibele karakter van genealogische kennis bij de Nkoya zou mij dat verbazen), maar wel is duidelijk dat deze inwerking tussen de twee principes tot bijna onbeperkte mogelijkheden tot genealogische manipulatie aanleiding geeft, vooral gezien de hoge graad van echtscheiding en daarmee samenhangende seriële polygamie. In de praktijk komt het er in ieder geval op neer dat het onderscheid 'Grote Buik' / 'Kleine Buik' de suggestie creëert van parallel-cousinage ook in gevallen dat in de genealogische werkelijkheid sprake zou moeten zijn van kruis-cousinage.

Het in de Nkoya uitdrukking gebruikte woord *livumo* heeft taalkundig en historisch zeker de connotaties van matrilineage of matrilineage-segment, maar in een bilateraal verwantschapssysteem zoals thans vigeert bij de Nkoya is het uiteraard onmogelijk afgebakende matrilineages te onderscheiden. Bovendien werkt de classificatorische logica waardoor parallelneven tot siblings worden, patrilateraal evenzeer als matrilateraal, met andere woorden van FB+'s[23] kan men tegenwoordig met evenveel recht zeggen dat zij zich in de 'Grote Buik' bevinden als van MZ+'s kinderen – ook al is dat dan onmiskenbaar een andere 'Grote Buik'.

Ook binnen de genealogie van Mabombola laten zich de diverse takken tot op zekere hoogte benoemen in deze termen. De tak van Langalanga, die het huidige (1973) dorpshoofd geleverd heeft, en waarschijnlijk ook het vorige, geldt dan als de 'Grote Buik', waaromheen de andere takken (de afstammelingen van Luhamba, Yakata,

---

[23] Hierbij duidt het teken + of ‾ aan senioriteit respectievelijk junioriteit van de verwant aangeduid met de letter onmiddelijk voorafgaande aan dit teken.

Shipungu en Noliya) als juniore segmenten gegroepeerd zijn. Nkingēbe's (01) hoofdschap als *Mwene* Mabombola wordt dan begrijpelijk: *niet zijn juniore generationele positie telt, maar zijn seniore structurele positie 'in de Grote Buik'.* De moeilijkheid dat met name de afstammelingen van Mushūwa moeten gelden niet als parallelneven maar als kruisneven van Nkingēbe's vader Ingelishi, kan ondervangen worden door de boven afgeleide regel dat het 'Grote Buik' / 'Kleine Buik' onderscheid dominant is over het onderscheid tussen parallel- en kruisneven; een dergelijke interpretatie veronderstelt wel dat Langalanga en Mushūwa geen volle maar slechts half-siblings waren, maar dat ligt voor de hand gezien de frequentie van huwelijksontbinding door dood of echtscheiding, en bij gevolg seriële polygamie. Ook binnen de verzameling van kinderen van Mushūwa zien wij dezelfde 'Grote Buik' / 'Kleine Buik' logica optreden: zij verklaart de perifere residentiële positie van Dimanisi (19) en Neliya (31). Eén generatie boven Langalanga verschijnt de Munkokwe tak (zie p. 118) als 'Kleine Buik' tegenover de Kaluyano-tak die dan in zijn geheel als 'Grote Buik' kan gelden. Ook hier valt 'Kleine Buik' status weer samen met residentiële instabiliteit: deze hele tak, hoewel tot Yosamu's generatie in Mabombola geboren, is inmiddels voor het dorp verloren gegaan.

Het onderscheid 'Grote Buik' / 'Kleine Buik' levert aldus zicht op subtiele, in het dagelijks leven niet erg manifeste vormen van ongelijkheid binnen het verwantschappelijk milieu van het Nkoya dorp. Die ongelijkheid gaat samen met gradaties in residentiële zekerheid. De relatief stabiele kern van het dorp, waarbinnen de hoofdschapstitel wordt beheerd, is de 'Grote Buik'; daaromheen zijn minder stabiele 'Kleine Buik' takken gedrapeerd, wier leden minder toegang hebben tot dorpshoofdschap en residentiële zekerheid ter plaatse, en eerder op zoek zijn naar residentiële alternatieven elders. De flexibiliteit en onvoorspelbaarheid, mogelijkheden voor afkalven of groei van het Nkoya dorp, en mogelijkheden voor het residentiële management van het dorpshoofd, zitten vooral in dit betrekkelijke schemergebied van de 'Kleine Buiken'.

Maar ook deze situatie mogen wij niet te statisch zien. Het kaleidoscopisch karakter van familie- en dorpsaffiliaties bij de Nkoya impliceert inmiddels dat hetzelfde individu dat ten opzichte van een bepaalde verwantschappelijke cluster, en een bepaald dorp, zich in de 'Kleine Buik' bevindt, ten aanzien van andere soortgelijke clusters en dorpen zich heel wel in een meer dominante, 'Grote Buik' positie kan bevinden. Vandaar de verrassende omslagen in de residentiële carrières van Nkoya mannen, die wij vaak tientallen jaren genadebrood zien eten in een bepaald dorp, om dan plotseling geroepen te worden om in een heel ander dorp hun latente rechten op lidmaatschap van de 'Grote Buik' en zelfs op dorpshoofdschap en koningschap te effectueren.

Overigens is behoren tot de 'Grote Buik' niet een absolute voorwaarde om tot residentiële stabiliteit en dorpshoofdschap, zelfs koningschap, te geraken. Het meest sprekende voorbeeld heb ik uitvoerig besproken in *Tears of Rain* (1992): de usurpatie (ca. 1890, onder patronage van de toenmalige koning van Barotseland, Litunga Lubosi Lewanika) van de Kahare-titel door *Mwene* Timuna's vader Shamamano vanuit een juniore verwantschappelijke positie ten opzichte van de vorige titelhouder, en de consolidatie van deze verworvenheid over drie generaties en een volle honderd jaar. Maar ook op kleinere schaal blijft het mogelijk, door demografische fluctuaties en door het spel van publieke opinie, prestige en leiderschap, om een positie van de 'Kleine Buik' om te zetten in een die alle trekken heeft van de 'Grote Buik', en daar stellig binnen enige generaties ook door genealogische manipulatie in herzien zal zijn. Voorbeelden zijn voorhanden in de overname, in de Kazo-vallei begin jaren 1970, van de Mulimba-titel door onder meer Ntanyela van een Kleine Buik met zelfs slavenconnotaties. Zo illustreert Fig. 11 effectief een dergelijke evolutie, over twintig jaar: B in de 'Grote Buik' was jarenlang dorpshoofd van Shumbanyama, maar hij werd opgevolgd door A ('Kleine Buik') die een halve generatie jonger is dan hij, terwijl B's zoon ca. 1980 onder eigen naam een dorpje begint op enkele tientallen meters afstand.

Tegelijk is er een categorie van *structurele underdogs*: mensen die door een accumulatie van demografische, genealogische en residentiële toevalligheden in geen enkel verwantschappelijke cluster en in geen enkel dorp de status van 'Grote Buik' kunnen verwerven. In de onderhavige data-set rond Mabombola zijn Yosamu en Mukwakwa typische vertegenwoordigers van deze categorie. Dit zijn dan de mensen die bij het bereiken van de middelbare leeftijd hun eigen dorp willen stichten. Waarschijnlijk zijn het ook mensen die, door het ontbreken van een werkelijke verankering en carrièreperspectief binnen de traditionele lijnen van de samenleving, eerder dan anderen aan vernieuwing toekomen: als rituele, economische of politieke ondernemer (Yosamu als *Watchtower*-leider, zie onder), en als permanente emigrant naar stedelijke gebieden waar volstrekt andere productieverhoudingen het leven bepalen.

3.2.4. De clan-structuur als classificatorisch grootouderschap

Titels en daarmee dorpen worden geacht het eigendom te zijn van bepaalde *clans*: verzamelingen van individuen die in principe niets gemeen hebben dan een bepaalde naam. De leden van clans zijn thans verstrooid maar bezetten in het verleden (tot misschien de 17^e eeuw van onze jaartelling) min of meer afgebakende gebieden, onder leiding van een – meestal vrouwelijk – clanhoofd die binnen dat gebied de rituele relatie tussen mens en natuur behartigde. Nkoya clans zijn niet strict exogaam en er zijn zelfs aanwijzingen dat zij oorspronkelijk endogaam waren: een structuur die juniore verwanten optimaal kon binden aan de oudsten. In een bilateraal afstammingssysteem is clan-endogamie ook de eenvoudigste manier om het clan-lidmaatschap van kinderen ondubbelzinnig te definiëren: bij clan-exogaam gehuwde ouders verwerven de kinderen het clan-lidmaatschap van beide zijden, en wanneer dan die kinderen weer clan-exogaam huwen hebben de kinderen de keuzen uit evenveel clans als zij grootouders hebben. In de praktijk bestaat er dan ten aanzien van clan-lidmaatschap van individuen dezelfde complexe optionaliteit als die zich voordoet ten aanzien van het (ideële) dorpslidmaatschap van individuen; en evenals bij dit laatste, kristalliseert zich uit die veelheid van keuzemogelijkheden een bepaalde clan uit waarmee het individu zich op een bepaalde fase van zijn leven het meest identificeert. Zoals de optionaliteit van dorpslidmaatschap zich verdicht tot één concrete, zij het vaak tijdelijke, keuze door daadwerkelijke vestiging in het fysieke dorp, zo verdicht zich dikwijls ook de optionaliteit van clan-lidmaatschap bij het aannemen van een bepaalde erfelijke titel, met name als dorpshoofd: de meest prestigeuze titels worden immers geacht het exclusief bezit te zijn van clans (zie de lijst in van Binsbergen 1992b: 195), en wie een dergelijke titel erft moet dus uit zijn verscheidene keuzemogelijkheden zijn lidmaatschap van die ene clan eenzijdig gaan benadrukken.

Tussen paren van clans bestaan *schertsrelaties* die teruggaan op een eenvoudige oppositionele etymologie van hun namen (bij voorbeeld de Rook-clan en de Bijen-clan schertsen, omdat bij het vergaren van honing de bijen worden uitgerookt uit hun nesten), maar ook de verplichting tot begraven, alsmede een meer diffuus recht op assistentie in materiële nood. De respectievelijke leden van dergelijke clanparen noemen elkaar bij de verwantschapsterm *nkaka*, 'grootouder', of men gebruikt de complementaire termen *nkaka* en *muzukulu* ('kleinkind') indien er een duidelijk besef van historische ongelijkheid bestaat tussen de aldus gepaarde verwantengroepen: als men beseft dat in het verleden deze groepen niet slechts in onderling conflict waren, maar dat de een (die der kleinkinderen) afhankelijk was van de andere (de grootouders) omdat deze laatsten grond, vrouwen, asyl verstrekten.

3.2.5. Schertsrelaties en grootouders

Tussen classificatorische grootouder / kleinkindrelaties op clanniveau bestaan er schertsrelaties, waarvan het karakter des te opmerkelijker is gezien het feit dat in de Nkoya samenleving er overigens zeer veel processen worden gevoerd over belediging en onterechte toeëigening van zaken. De partners in dergelijke clan-gebaseerde schertsrelaties kunnen elkaar namelijk zelfs in het openbaar ongestraft de grofste beledigingen naar het hoofd slingeren; zij kunnen zich zonder enig verweer elkaars eigendommen toeëigenen, en zijn zij leeftijdgenoten van verschillend geslacht dan kan men zich verbaal en handtastelijk allerlei sexuele vrijheden permitteren – met name het aanraken van de borsten, billen, en zelfs van het kralensnoer dat elke volwassen vrouw over de onderbuik placht te dragen ter markering van haar cultureel als meest intiem gedefinieerde lichaamszone. De schertsrelatie legt ook de partnerclans de verplichting op elkaars begrafenissen te regelen, het lijk af te leggen etc. Een voorbeeld van een dergelijke schertsrelatie is de geïnstitutionaliseerde betrekking tussen de dorpen Mabombola en Mwala, anderhalve kilometer van elkaar gelegen aan de zuidoever van de Njonjolo. Het gaat hier om een vorm van *perpetual kinship* (vgl. Cunnison 1956) volgens welke elke inwoner X van Mwala kan gelden als grootouder (*nkaka*) van elke inwoner Y van Mabombola tenzij de recente ontwikkeling van affinale relaties tussen X en Y concreet aanleiding geeft tot gebruik van een andere, meer specifieke verwantschapsterm, bij voorbeeld die van MB of ZH. Het is waarschijnlijk dat ook Mingeloshi in zijn vestiging geprofiteerd heeft van dit patroon van schertsrelaties / *perpetual kinship*.

Geholpen door het afvlakkend effect van de classificatorische logica versmelt in de Nkoya perceptie de categorie van scherts-grootouders met die van genealogische grootouders, die immers ook *nkaka* genoemd worden. Vandaar dat bij de opsomming van eventuele alternatieven de dorpen van schertsgrootouders en werkelijke, genealogische grootouders door elkaar genoemd worden als vaak de enige toevlucht die men nog denkt over te hebben naast het dorp waarin men thans verblijft.

Wij zullen het huwelijkspatroon meer systematisch behandelen in Hoofdstuk 5, maar ik moet daar nu al even op vooruitlopen. Gegeven het diffuse, kaleidoscopische en optionele karakter van zowel dorpslidmaatschap als clanlidmaatschap (waarover al een en ander in het inleidend hoofdstuk is gezegd) kan men uiteraard niet verwachten dat de huwelijksrelaties rond een bepaald dorp kunnen worden afgebeeld als een consistente, doorzichtelijke structuur van clanrelaties. Toch zijn er ten aanzien van Mabombola bepaalde patronen te onderkennen – een onderwerp waaraan hoofdstuk 5 gewijd zal zijn. Opvallend is de afwezigheid van huwelijksrelaties met die dorpen in Njonjolo die bij uitstek met de huidige Kahare-dynastie en de Nyembo-clan zijn geassocieerd: onder meer de dorpen Kahare, Mukotoka, Kabimba en Mpelama. Bij een blinde statistische spreiding van Mabombola's huwelijksrelaties over de Njonjolo-vallei zouden deze vier Nyembo / Shamamano-dorpen gezien hun grootte toch zeker in aanmerking hebben moeten komen, maar kennelijk is er een zekere mijding aan de orde. Ook dorpen van cliënten (naar verluidt vroegere slaven) van de Kahare familie worden gemeden: dit zijn onder meer de dorpen Shabizi,

Kikambo[24] en Kaminumino. In plaats daarvan worden door Mabombola wel relaties onderhouden met dorpen geassocieerd met andere clans dan de Nyembo, met name de Lavwe-clan (het dorp Yanika) en de Nkonde-clan (het dorp Shipungu). Van belang is dat deze beide dorpen zijdelings nauw geassocieerd zijn met vooraanstaande hoofdschapstitels – waaronder de Kambotwe-titel, die een eeuw geleden samenviel met de Kahare-titel tot deze laatste door Shamamano werd geusurpeerd. Aangezien clans niet (meer) beperkt zijn tot één vallei kunnen wij in dit licht ook de relaties tussen Mabombola en andere met Shipungu en de Nkonde-clan geassocieerde dorpen begrijpen, met name Shumbanyama, Kwabila en Mbinjama. Een politieke dimensie achter dit huwelijkspatroon wordt voorts gesuggereerd door het feit dat Yanika en vooral de Shipungucluster de huidige Kahare-dynasty het rechtmatig voeren – sinds Shamamano – van de koninklijke Kahare-titel betwisten. Na de dood van *Mwene* Kahare Kabambi in 1993, beriepen zijn respectievelijke opvolgers zich steeds op het feit dat zij in de maternale lijn nauwe banden met Kambotwe / Shipungu hadden in de Grote Buik, en daarom eindelijk pas een terechte claim op de Kahare-titel konden doen gelden.

3.3. Binding met de grond

Het is een belangrijk gegeven voor het begrijpen van de vestigings-

---

[24] De complexiteit van de situatie is echter duidelijk uit het feit dat de vader van de eerste hoofdman Kikambo (gestorven in 1975) een Lamba slaaf was, door zijn naaste verwanten verkocht of verpand was naar het westen toe, waar hij uiteindelijk in de omgeving van het Nkoya hof van *Mwene* Kahare belandde. Kikambo was oorspronkelijk een lid van het dorp Shikwasha en kreeg pas met de algemene verhuizing naar de noordoever de kans om daar, vlak naast het vorstenhof, zijn eigen dorp te bouwen. Het dorp Shikwasha is de voornaamste huwelijkspartner van Mabombola, en met name de echtgenote van Situwala was een zuster van Kikambo, waaruit bleek dat deze met slavernij geassocieerde tak toch niet helemaal werd gemeden. Het is niet onmogelijk dat Shikwasha zelf ook cliënt- / slavenconnotaties had maar daarvan is mij niets gebleken.

geschiedenis van Mabombola, dat van enige binding met land / grond of territorium vanouds bij de Nkoya geen sprake was. Een Nkoya dorp wordt op een bepaalde, conveniërende plek gebouwd uit vergankelijk lokaal materiaal (leem, baststroken, riet, palen uit het bos), en volgens het traditionele patroon verzinkt het na tien tot twintig jaar weer terug in het bos, alleen nog te herkennen aan de grote mangobomen die blijven staan. Zelfs begraafplaatsen zijn spoedig obscuur. De enige permanente markeringen in het landschap, meestal slechts één per vallei, zijn de koningsgraven, die de plaatsen van oude vorstenhoven aangeven (zie de lijst achterin *Tears of Rain*), en nog steeds onderwerp van discrete verering zijn door speciale hofdignitarissen. Alle land wordt geacht in beheer te zijn van het volkshoofd. In de aan het Nkoya nauwverwante Luyana hoftaal van de Lozi heet de Lozi koning zelfs 'Land', namelijk *Litunga* (Gluckman 1951). Het volkshoofd kan t.a.v. jacht en visserij bepaalde koninklijke rechten op een deel van het algemene land laten gelden (een niet toevallig aan Zuid-Azië herinnerend patroon, door Gluckman 1943 in kaart gebracht voor de cultureel aan de Nkoya verwante Lozi), maar voor het overige is het zijn of haar taak het te verdelen naar de behoefte van iedere volwasen onderdaan Niet-vorsten die conflicten hebben over grond maken zich volgens de traditionele normen bezien, belachelijk. Toch nemen de conflicten over land hand over hand toe.

De vele conflicten over de steeds schaarsere, uiterst vruchtbare natte *matapa* tuinen in het begin van de jaren 1970 moesten nog verhuld worden als conflicten over respect en verwantschappelijke etikette. Sindsdien is de druk op de grond alleen maar toegenomen, bijv. van de kant van niet-Nkoya immigranten rond het Nkeyema Agricultural Scheme;[25] deze toeloop had in 1989 een zodanige intensiteit bereikt dat toen de *district councillor* voor Nkeyema, Dr Stanford Mayowe, de mensen van Njonjolo en Kazo ertoe aanzette om nu al in de verder naar het oosten gelegen valleien juist ten westen van het Kafue National Park gebieden af te bakenen die

---

[25] *Vgl.* Nelson-Richards 1988; en de studie van mijn student: Hailu 1995. De wijdere implicaties van de opmars van het kapitalisme in Kaoma district heb ik uitvoerig verkend in van Binsbergen 2012e.

'earmarked' zouden worden als het erfgrond van bepaalde Nkoya dorpen – een noodzakelijke, en aan de mensen wezensvreemde, aanpassing aan het territoriale denken van de immigranten en van de staat. In dezelfde periode kwam *Mwene* Kahare Kabambi, enige jaren voor zijn dood, ertoe om tegen een belachelijk lage tegenprestatie grote stukken grond[26] uit te geven aan uit Zuid-Afrika afkomstige boeren van Europese afkomst – die vervolgens deze uitgiften trachtten formeel, kadastraal op hun naam te zetten en, juist als langs de *Line of Rail* kort na 1900, de dorpelingen tot illegale squatters te maken. Deze betreurenswaardige ontwikkeling (ontkenning van *Tribal-Trustland*-status) werd echterspoedig teruggedraaid.[27] In de vestigingsgeschiedenis van het dorp Mabombola zien wij dezelfde evolutie van vrije beweging in een context vrij van grondschaarste, tot het midden van de 20^e eeuw, naar toenemende druk op de grond en daardoor het ontstaan van een zodanige overbevolking dat een deel van het fysieke dorp zich genoodzaakt ziet, naar de noordoever van de Njonjolo uit te wijken – waarbij in het bewustzijn van de actoren verwantschappelijke, dorpspolitieke en religieuze tegenstellingen schijnbaar de voornaamste factoren vormden voor deze migraties.

3.4. Hoe stellen wij geografische herkomst vast

Het regelmatig verhuizen van dorpen van de ene vallei naar de andere betekent dat wij voor het vaststellen van de geografische herkomst van immigranten (onder wie ingehuwde vrouwen) in een Nkoya dorp,[28] niet alleen de naam van hun dorp van herkomst

---

[26] Door de hele 20e eeuw is de standaardgrootte van een commerciële boerderij in Zambia 2500 ha, ofwel 5 x 5 km. Deze maat werd ook in het onderhavige geval aangehouden.

[27] Deze episode is kort behandeld in mijn artikel: van Binsbergen 1999.

[28] De nadruk is hier uitdrukkelijk op de intra-rurale dynamiek van de Nkoya samenleving in een etnisch min of meer homogene dorpscontext, en niet op de perifeer-kapitalistische en bureaucratische immigratie-dynamiek van een aan de Nkoya samenleving opgelegd, structureel wezensvreemd sociaal gegeven als het Nkeyema Agricultural Scheme.

moeten weten, maar ook de periode waarin de immigratie plaats vond. Dezelfde dorpsnaam verschijnt dikwijls over enkele tientallen jaren in meer dan één vallei. Bij voorbeeld, het dorp Mutaka verhuisde in de loop van de twintigste eeuw van de Lalafuta-rivier naar de Kamangango (een zijrivier van de Lemvu) en ten slotte naar de Munkuye. In dezelfde periode verhuisde het dorp Shipungu van de Kamangango naar de Kabanga-stroom niet ver van de Munkuye. Informanten zijn zich van dergelijke verhuizingen lang niet altijd bewust en gaan er vaak van uit dat iemand die een of meer generaties tevoren behoorde tot een bepaald (*ideëel*) dorp X, toen dan ook woonde op de huidige locatie van dat (*fysieke*) dorp. Dikwijls past men in de opgaven nog verdere vereenvoudigingen toe. Wanneer bij voorbeeld een meisje dat woonachtig is in dorp a te vallei A trouwt in dorp b te vallei B, en het initiële contact is gelegd tijdens haar logeerpartij bij haar stiefvader in dorp c eveneens te vallei B, dan zal een dergelijke inhuwende bruid door haar aanverwanten in dorp b al gauw worden aangemerkt als ingehuwd uit het naburige c te B, en niet uit het verre a te A. Iets soortgelijks doet zich wat Mabombola voor met Eshiteli Mulodja (06), de echtgenote van Kawush (05); zij wordt gepercipieerd als in 1965 ingehuwd vanuit het naburige dorp Kalelema / Shushewele, maar in de genealogie van dat dorp zal men tevergeefs naar haar zoeken: geboren in het dorp Kwabila, waarnaar zij na een op echtscheiding uitgelopen huwelijk weer terugkeerde, verbleef zij slechts enige jaren (ca. 1962-1965) in Kalelema – een dorp dat zij ziet als dat van haar MB – , nadat zij Kwabila verliet tijdens een vertrouwenscrisis waartoe (zoals zo vaak) aanhoudende ernstige ziekte dus hekserijverdenking de aanleiding vormde.

Slechts in de loop van maandenlang veldwerk daagt bij de onderzoeker het besef van de enorme geografische mobiliteit van de onderzoekspopulatie, en van de imprecisie van topografische opgaven, zodat met name de gegevens verworven in de eerste maanden steeds opnieuw moeten worden bezien in het licht van latere informatie.

4. De verwantschappelijke structuur van Mabombola in het licht van zijn vestigings- geschiedenis

4.1. Verwantschap als basis van de vestigingsgeschiedenis van Mabombola

Het huidige Mabombola (1973) gaat terug op een verzameling classificatorische siblings (*d.w.z.* siblings, half-siblings, parallelle neven en nichten vanaf de eerste tot onbepaalde graad) die in de eerste decennia van de twintigste eeuw werden geboren; de preciese genealogische verbindingen tussen hen zijn vrijwel niet meer te achterhalen omdat zij vanuit het Nkoya perspectief van classificato-rische verwantschap irrelevant zijn. Sommige leden van deze verzameling werden geboren in het dorp Mabombola aan de Muzeu, de meesten echter in andere dorpen gelegen in andere valleien.

De kern van de verzameling leden van het ideële dorp Mabombola werd gevormd door een vrouw Langalanga en haar jongere broer

Mushūwa (03), beiden kinderen van een man Kaluyano; Kaluyano's dorpsaffiliatie, en de naam en dorpsaffiliatie van zijn echtgenote, zijn niet meer met zekerheid te achterhalen: het is waarschijnlijk dat deze echtgenote uit Mabombola stamde, maar kan niet uitgesloten worden dat zij slechts inhuwde en dat het Kaluyano was van wie de band met Mabombola afkomstig was. In een eveneens niet meer te achterhalen verbintenis bracht Langalanga een zoon Ingelishi voort. Ingelishi woonde waarschijnlijk gedurende een flink deel van zijn leven te Mabombola. In een huwelijk met Luweka uit het dorp Mukungu (destijds meer zuidoostelijk langs de Njonjolo gelegen, en in de jaren 1960 verhuisd naar de noordelijk oever) bracht hij in ca. 1923 een zoon voort, die tot zijn adolescentie in zijn moeders dorp woonde maar toen verhuisde naar zijn vaders dorp, waar hij in de jaren 1960 de naam Mabombola / Nkingēbe (01) erfde, en daarmee het dorpshoofdschap. Zijn beide zonen Episoni (13) en David (15) wonen in zijn onmiddellijke nabijheid, terwijl zijn dochter Eliya (24) is uitgehuwd naar het naburige dorp Shikwasha.

Maar de suggestie die hiervan uitgaat, van permanente solidariteit door bijeenwonen, is slechts schijn. Nkingēbe's kinderen hebben een bewogen jeugd achter de rug die direct tot uitdrukking komt in hun vestigingsgeschiedenis. Toen hun uit Shikwasha afkomstige moeder in 1957 van hun vader scheidde, gingen de zeer jonge kinderen voor het eerste jaar met haar mee naar Tumbika (Lubanda-vallei); daarna keerden zij voor enige jaren terug bij hun vader in Mabombola, om in het midden van de jaren 1960 weer naar hun moeder terug te keren. Pas in 1970 vestigden Episoni (13) – die toen al zijn eerste huwelijk achter de rug had – en David (15) zich weer bij hun vader; het huwelijk van hun zuster Eliya (24) dat in dezelfde tijd plaatsvond, kan slechts in zeer betrekkelijke zin gelden als een huwelijk vanuit Mabombola: zij woonde er slechts enkele maanden alvorens naar het dorp van haar echtgenoot te vertrekken.

Langalanga's veel jongere broer Mushūwa (03) is de oudste inwoner van het huidige Mabombola. Mushūwa's zonen uit zijn eerste huwelijk – Kawush (05), Jelemaia (11) en Yinoki (07) – wonen in zijn directe nabijheid, met uitzondering van Mingeloshi (10), wiens asociale gedrag (asociaal, naar Nkoya begrippen, maar ook volgens het Zambiaanse *Wetboek van Strafrecht*) leidde tot zodanige conflicten dat hij permanent moest verhuizen naar het naburige dorp Mwala, van waar hij uiteindelijk in de gevangenis in het districtscentrum Kaoma belandde. Mingeloshi was hierdoor niet beschikbaar om uit te leggen waarop zijn toegang tot het dorp Mwala berust. Evenwel, in dezelfde generatie blijken ook zijn verre parallelneven – Yosamu (32), Pawulo (23), Eshinati (34) en Andson (35) –, de kinderen van Layisi Munkokwe, de overstap gemaakt te hebben van hun geboortedorp Mabombola naar het dorp Mwala, en hun uitleg van hun claim op Mwala is dat dit het dorp is van hun 'grootouder', specifiek hun FM en dier familie.

4.2. Mabombola: De Mushūwa tak

Een zoon uit een later huwelijk van Mushūwa, Dimanisi (19) verblijft thans als trekarbeider in de stad Ndola aan de *Line of Rail*, en hij heeft geen eigen huis in Mabombola. Zijn affiliatie met Mabombola is onzeker. Waarschijnlijk heeft hij er nooit gewoond maar heeft hij het grootste deel van zijn jeugd doorgebracht in zijn moeders dorp Mutaka. Dimanisi's volle zuster Neliya (31) is gehuwd in het naburige dorp Matiya; zij heeft zeker nooit in Mabombola gewoond maar is uitgehuwd vanuit hun moeders dorp.

Met hun overgang naar Mwala zijn de genoemde kleinkinderen (32), (23), (34) en (35) van Munkokwe, hoewel nog wel in hun vaders dorp Mabombola geboren, waarschijnlijk voorgoed verloren voor dit dorp. De oudste van deze generatie, Yosamu (32), verhuisde in 1969 van Mwala naar de zuidoever waar hij onder zijn eigen naam een klein nieuw dorp stichtte. Op deze beter bereikbare plaats bouwde hij een nieuw *Watchtower*kerkje nadat eerdere soortgelijke bouwsels in Mabombola en Shikwasha na conflicten werden verlaten. Yosamu's jonge kinderen profiteren bovendien van de nabijheid van de basisschool op de noordoever. Yosamu's uit het naburige Shikwasha afkomstige moeder Maria maakte ook de oversteek naar de noordoever. Zijn broers (23) en (35) zijn thans (1973) als trekarbeiders in de hoofdstad Lusaka, terwijl zijn zuster (34) in het naburige Shabizi is ingehuwd. Yosamu is echter vooralsnog geen officieel dorp, want daarvoor ontbreekt de administratieve toetssteen: een eigen dorpsregister.

4.3. De andere takken van Mabombola

Naast Mushūwa is Noliya de enige overlevende van de oorspronkelijke verzameling neven en nichten die de kern vormde van het dorp
Mabombola. Na een op echtscheiding uitgelopen huwelijk in de
Longe-vallei is Noliya thans te Kakaezwa gehuwd. Noliya's dochter
Eshiteli (17) is te Mabombola geboren en woont daar nog steeds,
ondanks het feit dat zij gehuwd is met een man uit Kandelele die
thans als trekarbeider in Lusaka verblijft.

Ook enige andere afstammelingen van de generatie van Langalanga
etc. zijn nog wel in het huidige Mabombola aan te treffen, zij het
spaarzaam en fragmentarisch. Het betreft hier (zoals steeds in
Nkoya genealogieën) personen die ieder affiliaties hebben met, en
dus potentieel lidmaatschap van, verscheidene dorpen. Voor de
tientallen in de genealogie van Mabombola genoemde mensen gaat
het hier ondanks overlapping om vele tientallen dorpen verspreid
over een moeilijk toegankelijk gebied zo groot als Nederland. Het is
onmogelijk om in al deze dorpen diepgaand genealogisch onderzoek te doen en onze genealogie is dan ook maar een kaal skelet –
niet alleen het als Fig. 9 gepresenteerde uittreksel maar ook de
vollediger genealogieën die in Appendix I te vinden zijn. Wij mogen
echter veilig aannemen dat de enkele personen die daadwerkelijk als
huidige of vroegere inwoners van Mabombola verschijnen, slechts
een kleine fractie vormen van het aantal volwassen personen dat in
een denkbeeldige, werkelijk complete genealogie van alle takken
vermeld zou moeten worden: de rest verbleef in andere dorpen dan
Mabombola.

4.4. Wie bleven voor Mabombola behouden?

Wie zijn degenen die voor Mabombola behouden bleven dan wel
hun potentiële lidmaatschap van dat dorp actualiseerden? Eén van

de jongsten van Langalanga's generatie, Mufwaya (ik noem haar Mufwaya I), huwde uxorilocaal (d.w.z. de bruid blijft in haar eigen woonplaats, de bruidegom voegt zich bij haar; zie Hoofdstuk 5) met de invalide Yani (25) die aldus in Mabombola belandde na verscheidene omzwervingen (vanuit zijn geboortedorp in de naburige Kachechongwa-vallei, en onder meer via het naburige Shikwasha aan de Njonjolo, het naaste buurdorp van Mabombola). Toen deze Mufwaya I stierf, werd haar naam en huwelijksband met Yani geërfd door haar classificatorische ZD, een dochter van de vrouw Yakata die eveneens tot de oorspronkelijke generatie behoorde. Voor deze Mufwaya II (09) was het huwelijk met Yani haar vierde huwelijk; dochters van haar eerdere huwelijken werden vanuit Mabombola uitgehuwelijkt te Mbinjama (dit is Matayi (37)), en Matiya aan de Njonjolo (namelijk Elina (33)); Mufwaya's zoontje Joni (38) verblijft thans nog in zijn vaders dorp Kiyalubilo. Binnen enkele jaren liep Mufwaya II's huwelijk met Yani op echtscheiding uit, maar vanwege 's mans lange associatie met Mabombola, en zijn gebrek aan residentiële alternatieven elders, kon hij in het dorp blijven wonen. Eveneens met Mabombola geaffilieerd zijn de drie kleinkinderen van een vrouw Shipungu,[29] het laatste te bespreken lid van de oorspronkelijke generatie: de twee broers Miloshi (20) en Siteneli (21) verblijven als trekarbeiders in Lusaka maar hebben een huis in Mabombola, terwijl hun zuster Lungalukata (22) vanuit Mabombola is uitgehuwelijkt te Shumbanyama aan de Kazo-stroom.

4.5. De Kwabila groep zoekt zijn toevlucht in Mabombola

Ten slotte omvat Mabombola een aantal zeer recent aangekomen bewoners, die zich toegang tot het fysieke dorp hebben kunnen verschaffen in hun hoedanigheid van aanverwanten, namelijk als verwanten van in dit dorp ingehuwde vrouwen. Zoals gezegd huwde

---

[29] Niet te verwarren met het dorp van die naam. Niettemin is het voorkomen van deze beladen, vorstelijke naam in de verwantengroep van Mabombola wel een verdere aanwijzing voor de nauwe relaties die al generaties bestaan tussen dit dorp en het dorp Shipungu.

in 1965 Kawush (05) met Eshiteli Mulodja (06) die, hoewel onmiddellijk voor haar huwelijk woonachtig in het naburige Kalelema / Shushewele, oorspronkelijk uit Kwabila afkomstig was. In 1970 werd deze band tussen Mabombola en Kwabila verder versterkt doordat Episoni Nkingēbe (13) kort na zijn terugkeer in Mabombola een huwelijk, zijn tweede, aanging met Maria Mukwakwa (14), wier vader en verdere verwanten destijds onder uiterst onzekere omstandigheden in het verre dorp Kwabila verbleven.

De oorzaak van deze onzekerheid gaat terug naar het begin van de twintigste eeuw. Toen, kort na de negentiende eeuw die gekenmerkt was door de expansie van Nkoya staten, handelsnetwerken en slavernij-overvallen, was het dorp Shipungu een van de grootste en belangrijkste nederzettingen in Nkoyaland. Tot aan de troonsbestijging van Shamamano onder protectie van de Lozi koning Lubosi Lewanika ca. 1890 was ook de vorstelijke titel Kahare eigendom van de centrale verwantencluster van Shipungu – de cluster van Kambotwe. Kangumunyama, een classificatorische broer van *Mwene* Shipungu, baatte de nieuwe economische mogelijkheden uit die zich in de eerste decennia van de koloniale tijd aandienden. Zo werd hij trekarbeider te Livingstone (destijds de hoofdstad van Noord-Rhodesië, het huidige Zambia) en begon hij daarna al in de jaren 1920 een *op marktgewassen gerichte boerderij ('farm')* te Kwabila, in een voor hem vreemde omgeving ver van Shipungu dat demografisch uit zijn voegen barstte en waarvan de grote omvang sinds de vestiging van de *pax brittanica* niet langer zinvol was. Wij zien dat de penetratie van het kapitalisme in Nkoyaland ook nieuwe mogelijkheden aan het vestigingspatroon toevoegde: het initiatief nemen tot een type vestiging en een type productie die op geen enkele manier aansluit bij het traditionele patroon (*vgl.* van Binsbergen 2012e). Kangumunyama trok verscheidene verwanten uit Shipungu aan, maar na zijn dood werd hun economische en residentiële positie als vreemden te Kwabila onhoudbaar – een crisis die zich zoals gebruikelijk in het bewustzijn van de participanten vooral manifesteerde door in hekserij-termen geïnterpreteerde ernstige ziekte en sterfte. Ook het feit dat Eshiteli Mulodja (06) in 1962 vanuit Kwabila op haar eentje haar toevlucht in Kalelema / Shushewele zocht, verwijst naar een vroege fase in dezelfde crisis. Terugkeren naar Shipungu konden zij echter niet meer, want dit dorp (inmiddels verhuisd naar de Kabanga-vallei) was al in de jaren 1940 uiteengespat na een periode van hevige interne conflicten, ziekte en dood die het nieuwe dorpshoofd algemeen de connotatie van heks hadden bezorgd; de frustratie van politieke aspiraties door de inmiddels niet meer terug te draaien usurpatie van de Kahare-titel door de Shamamano-familie was een medebepalende factor in deze escalatie. Fragmenten van het oorspronkelijke Shipungu zochten her en er hun heenkomen, onder meer in het dorp Shumbanyama, waar Shimbwende Shiyowe Kabangu neerstreek bij zijn MM's verwanten.

Hoe groot de nood van Maria's verwanten te Kwabila was blijkt uit het feit dat zij binnen een jaar na haar inhuwen in Mabombola allen verhuisden van Kwabila naar Mabombola: niet alleen Maria's vader Mukwakwa (29) en haar verweesde neefje Gilibati (16), maar ook haar vaders achternicht Mataka (10), de moeder van Eshiteli (06) die al in 1965 was ingehuwd in de andere hoofdtak van Mabombola.[30] Mataka's zoon Edwin (26) uit haar derde huwelijk beëindigde een kort verblijf als trekarbeider in Namwala-district (waar commerciële boerderijen zijn gevestigd) en voegde zich in Mabombola bij zijn moeder en zijn jongere broers Kasheba (27) en (classificatorisch) Pátiliki (30). Ten slotte werd ook Mataka's kleindochter, het wees-kind Shalabila (28), naar Mabombola meegenomen.

In de perceptie van de dorpsleden is deze Kwabila-tak binnen Mabombola primair gerecruteerd op basis van aanverwantschap, en men ziet Mukwakwa en Mataka veelal als *bayeni*, 'bezoekers', tijdelijke leden. Mukwakwa beschouwt zijn verblijf in Mabombola niet als definitief, maar tracht van *Mwene* Kahare toestemming te krijgen om aan de noordoever van de Njonjolo een nieuw eigen dorp Mukwakwa te stichten, dat de hele Kwabila tak in Mabombola zal omvatten en daarnaast andere verstrooide fragmenten van Shi-pungu zal aantrekken. Niettemin gaan met name de banden van

---

30 De nood van deze verwantentak uit Kwabila – en toch ook hun betrekkelijk isolement binnen het dorp Mabombola dat hun gastvrijheid verleende – blijkt al uit het feit dat Gilibati, twaalf jaar oud, een van de zeer weinige zwaar ondervoede kinderen in Njonjolo was in 1973-74, en als zodanig onze patiënt, in een tijd dat voldoende regens voor redelijke oogsten zorgde en er nog voldoende wild was om door 'stropen' een geregelde toevoer van dierlijke eiwitten te verzekeren voor de gehele bevolking.

Mataka met Mabombola veel verder dan aanverwantschap in de jongste volwassen generatie: haar moeder Luhamba behoorde tot de oorspronkelijke generatie van Langalanga, Mushūwa etc., en het inhuwen in Mabombola van eerst Eshiteli (06), in 1965, en vervolgens Maria (14) in 1969, moet gezien worden als het door tegen-huwelijken bestendigen van de langdurige affinale band tussen Mabombola en Shipungu, die minstens terugging op Luhamba. En hoewel Mataka (10) zelf te Shipungu werd geboren, is het waarschijnlijk dat ook haar eerste huwelijk, met Mulawo van het dorp Shipungu, er vanuit Mabombola uitzag als het inhuwen van een potentieel lid van Mabombola, in Shipungu.

De vestiging van de Kwabila tak in Mabombola past goed in het streven van het nieuwe dorpshoofd Nkingēbe om zijn volgelingen-schap uit te breiden – een streven dat zich nog maar kort tevoren reeds manifesteerde in het aantrekken van zijn eigen zonen Episoni (13) en David (15). Deze strategie werkte echter niet: Nkingēbe had buiten de aspiraties en het verantwoordelijkheidsgevoel van de veel oudere Mukwakwa gerekend, die er vanaf zijn aankomst in Mabombola naar streefde om onder zijn eigen naam een nieuw dorp te beginnen waar ook andere verstrooide fragmenten van het dorp Shipungu eindelijk een onderkomen zouden kunnen vinden. Dit streven kreeg reeds in 1974 inderdaad zijn beslag.

4.6. Pátiliki

Pátiliki (30) is niet direct binnen de Mabombola genealogie op te voeren. Zijn vader behoorde tot hetzelfde dorp, Wahila, als Mataka's (10) laatste echtgenoot, de vader van Edwin (26) en Kasheba (27); Wahila is de naam van een van de dorpen van de verwantengroep die de Mutondo-titel beheert, de vorstelijke titel voor het westelijk deel van Nkoyaland (Kahare regeert over het oostelijk deel).

Pátiliki's moeder Noliya is de dochter van een van de mannen die Kangumunyama uit Shipungu aantrok naar Kwabila.

4.7. *Watchtower*

Zoals verscheidene andere dorpen in Njonjolo, staat ook Mabo-mbola bekend als een *Watchtower*-dorp – bekeerd tot een Christelijke secte die in het eind van de 19^e eeuw werd gesticht in de Verenigde Staten van Amerika, waarvan het zendingswerk van grote invloed was op trekarbeiders in Zuidelijk Afrika in de eerste decennia van de 20^e eeuw, en die zich tenslotte met enorm succes via terugkerende trekarbeiders verbreide over het toenmalige Noord-Rhodesië, thans Zambia.[31] Dit succes lijkt te danken aan de volgende constellatie: in de door nieuwe, op het kapitalisme geschoeide productieverhoudingen sterk gewijzigde ervaring van (ex-) trekarbeiders en nieuwe stedelingen was een nieuw, van buiten komend en op een zekere geletterde basis berustend wereldbeeld nodig, dat door verboden en reinigingsriten krachtig en consequent afstand nam van het oude wereldbeeld; in allerlei gradaties van toeëigenend syncretisme werd *Watchtower* op het platteland van Noord-Rhodesië vooral verwelkomd als een effectief idioom voor de bestrijding van hekserij, waarvoor de vrees toch al welig tierde en verder werd aangezet onder de gewijzigde economische en sociale omstandigheden van het begin van de 20^e eeuw. Mijn toenmalige collega aan de University of Zambia, Sholto Cross, schatte in de jaren 1970, op grond van een jarenlange studie van deze beweging in Zambia, dat een derde van alle toen levende Zambiaanse volwassenen op enig punt in hun leven lid van *Citawala* geweest was.

De *Watchtower*-identiteit van het fysieke dorp Mabombola betekent dat daar niet gerookt of alcohol gedronken wordt, en dat Nkoya ceremonies zoals naamvererving en meisjesinitiatie met de grootst mogelijke ingetogenheid, zonder trommels en zonder alcoholische drank, moeten worden uitgevoerd. In feite roken en drinken in ieder geval de meeste vrouwen te Mabombola wél, maar dit werd desgevraagd uitgelegd uit het feit dat zij toch maar ingehuwd zijn en

---

[31] Er is veel geschreven over *Watchtower* in Zuidelijk Centraal Afrika (waar de naam vaak werd gelocaliseerd tot *C(h)itawala* of *Kitawala*). Zie bijv.: Greschat 1967; Hooker 1965; Long 1968 (onderwep van een voorbeeldig heronderzoek: Seur 1992); Cross 1978; Hodges 1976; Fields 1985; van Binsbergen 1981a.

aldus niet tot de *Watchtower*-kern van het dorp behoren.

De studies van Long, van Cross en van Seur laten zien hoe elders op het Zambiaanse platteland *Watchtower* een grote invloed heeft kunnen uitoefenen op het vestigingspatroon en de verwantschappelijke structuur. In Mabombola blijkt dit effect beperkt, zoals de volgende analyse kan aantonen.

Slechts van een deel van de inwoners van Mabombola werd de religieuze affiliatie expliciet gevraagd. De verdeling wordt gegeven in Tabel 1 (niet meegerekend: voormalige dorpsleden, uitgehuwde vrouwen, afwezige trekarbeiders en kinderen < 18 jaar):

door deze persoon geclaimde religieuze affiliatie	aantal personen
claimen *Watchtower* affiliatie in 1973-74	4
claimen een vroegere kerklidmaatschap, nl. *Watchtower*	1
claimen vroeger kerklidmaatschap, maar geen *Watchtower*	1
ontkennen enig vroeger kerklidmaatschap	7
geen informatie	8
totaal	21

Tabel 1. *Watchtower* in Mabombola

De acht dorpsleden over wie geen informatie beschikbaar is omvatten, helaas, belangrijke personen als het dorpshoofd Nkingēbe (01), Mushūwa (03) en Mukwakwa (29). Aangezien niettemin Enala (06), de vrouw van het dorpshoofd Nkingēbe, *Watchtower*-lid claimt te zijn, en het hele dorp een streng *Watchtower*-signatuur uitdraagt, is het niet onmogelijk dat ook het dorpshoofd Nkingēbe in ieder geval aanvankelijk *Watchtower*-lid was – hoewel het feit dat in het begin van de jaren 1970 de relatief juniore dorpsgenoot Yosamu uit het dorp wegtrekt naar de overkant van de Njonjolo en daar een

Watchtower-kerk vestigt, suggereert dat juist de *Watchtower*-identiteit een steen des aanstoots was geworden, waarbij Yosamu en het dorpshoofd tegenover elkaar stonden. Yosamu is het oudste lid van de Munkokwe tak die geheel voor het dorp is verloren gegaan. Zijn zeer strenge opstelling in geloofszaken blijkt al uit zijn boven besproken weigering zijn dochtertje naar het ziekenhuis te laten gaan. Waarschijnlijk kon hij zich geen mildere opstelling permitteren, omdat voor hem als relatief perifeer lid van het ideële dorp Mabombola de *Watchtower*-ideologie het voornaamste kapitaal voor zijn leiderschapsaspiraties moest vormen.

De overige dorpsleden van wie de *Watchtower*-affiliatie vaststaat zijn relatief juniore leden: Yinoki (07), Aida (08) en Episoni (13). Episoni's echtgenote Maria (14) claimt echter uitdrukkelijk geen *Watchtower*-lid te zijn, evenals Elina (04), de vrouw van Mushūwa. Mushūwa's dochter Neliya (31) echter, uitgehuwd naar Matiya aan de Njonjolo, claimt wel *Watchtower*-lid te zijn; het dorp Matiya is vanouds geassocieerd met de South Africa General Mission en de daardoor in het leven geroepen Evangelical Church of Zambia, een fundamentalistische Christelijke groepering, en het is niet erg waarschijnlijk dat Neliya haar *Watchtower*-affiliatie pas in Matiya heeft opgedaan. Opvallend is dat Mufwaya (09) claimt tot 1970 wel *Watchtower*-lid geweest te zijn maar toen de kerk heeft verlaten, om redenen die zij niet nader toelicht. Onder de uitdrukkelijke nietleden tellen wij voorts relatief seniore inwoners zoals Kawush (05) en Eshiteli (17). Het feit dat vijf leden van de uit Kwabila afkomstige groep uitdrukkelijk claimen niet tot *Watchtower* te behoren (Pátiliki (30), Mataka (10), Maria (14) en Eshiteli (06), alsmede Edwin die claimt als scholier en trekarbeider in Namwala van 1965 tot 1970 lid geweest te zijn van de New Apostolic Church), maakt wel twee dingen duidelijk

- het aantrekken van deze groep berustte in geen geval op gemeenschappelijke *Watchtower*-banden

- ondanks de algemene *Watchtower* signatuur van het fysieke dorp en waarschijnlijk van zijn dorpshoofd, is lidmaatschap van deze secte toch niet zo bepalend dat uitdrukkelijk niet-*Watchtower*-leden van vestiging in het dorp werden uitgesloten.

Al met al kunnen wij constateren dat de *Watchtower*-secte een zekere, maar bepaald niet een beslissende invloed op het vestigingspatroon van Mabombola heeft uitgeoefend.

4.8. Mogelijke leden van het ideële dorp Mabombola die thans geen deel uitmaken van het fysieke dorp

In de loop van deze analyse van de dynamiek van het dorp Mabombola zijn wij een aantal categorieën potentiële leden tegengekomen die vooralsnog uit de boot zijn gevallen in de zin dat zij, ondanks min of meer behoren tot het *ideële dorp*, van het *fysieke dorp* niet daadwerkelijk deel uitmaken. Het gaat hierbij om de volgende categorieën personen:

(1) De niet meer te traceren *leden van de oudere generaties die, behorende tot de 'Kleine Buik'*, overwegend hun toevlucht elders gezocht hebben.

(2) *Uitgehuwde vrouwen*, wier vertrek door de instabiliteit van het Nkoya huwelijk zelden definitief is, en wier kinderen het dorp ook nog altijd wel eens als inwoners kan verwachten. Voor Mabombola betreft het hier met name de vrouwen Lungalukata (22) en Neliya (31). Elina (33), Eliya (24) en Matayi (37) vormen formeel grensgevallen omdat zij in hun volwassen leven niet of nauwelijks in Mabombola hebben gewoond.

(3) De laatste drie genoemde vrouwen vormen al een overgang naar de volgende categorie: *leden van jongere generaties, van wie het potentiële lidmaatschap van het dorp vooralsnog niet geëffectueerd is en dat misschien ook wel nooit zal worden.* Ook de bij hun (niet aan Mabombola geaffilieerde) ouder verblijvende jongeren Eli (36) en Joni (38) behoren tot deze categorie. Van Dimanisi (19), wiens zuster nooit in Mabombola heeft verbleven, is het onduidelijk of wij hem in deze categorie moeten indelen of eenvoudig in de volgende categorie:

(4) De *arbeidsmigranten*, die gezien hun bindingen met het dorp en het onzekere karakter van Nkoya ruraal-urbane migratie

hoogstwaarschijnlijk na enige jaren afwezigheid weer ter plaatse zullen terugkeren. Miloshi (20) en Siteneli (21) behoren zeker tot deze categorie. Overigens moet erkend worden dat verblijf in de stad een soort parkeersituatie is, waarin verwantschappelijke spanningen kunnen worden verwerkt zonder dat men (zoals bij vertrek naar een andere rurale verblijfplaats) al dadelijk – publiekelijk, drastisch en conflictueus – tot wijziging van dorpsaffiliatie hoeft over te gaan.

(5) Ten slotte is er *de categorie van jonge en middelbare leden die in een eerder stadium deel hebben uitgemaakt van het dorp maar wier definitieve vestiging in een ander dorp inmiddels wel degelijk inhoudt dat zij de banden met Mabombola hebben doorgesneden.* Deze mensen zijn voorgoed verloren voor dit dorp. Het betreft hier de al eerder genoemde juniore tak van Yosamu (32), Pawulo (23) en Andson (35), alsmede hun zuster Eshinati (34). Ook de deugniet Mingeloshi (18) hoort tot deze groep.

Wij hebben in deze analyse de omgekeerde weg bewandeld van het veldwerk. Daarin doen zich immers eerst de gefragmenteerde duizenden losse feiten voor rond concrete personen, hun genealogische posities, huwelijken, vestigingsgeschiedenis, die men pas langzaam leert schikken in een analytisch patroon waarin de structuur van de plaatselijke samenleving in haar dynamiek kan worden onder woorden gebracht. In plaats daarvan zijn wij begonnen met de (uit het onderzoek zelf manifest geworden) analytische structurele principes, die wij vervolgens hebben geïllustreerd, empirisch onderbouwd zelfs, onder uitputtende verwijzing naar concrete personen en de details van hun levensloop. De Nkoya sociale dynamiek blijft optioneel en kaleidoscopisch; niettemin maken de algemene principes die wij daarin hebben gevonden, het in detail mogelijk om de concrete levensloop van individuen te begrijpen in hun specifieke keuzes ten aanzien van vestiging, leiderschap en huwelijk. Wij besluiten deze studie door het laatste aspect, het huwelijk, nader te bezien.

5. Het Nkoya huwelijkspatroon zoals dat geïllustreerd wordt door het geval van Mabombola

Uit de voorgaande hoofdstukken is al duidelijk geworden dat de residentiële dynamiek niet kan worden begrepen zonder het huwelijkspatroon in de analyse te betrekken. Fundamentele karakteristieken van het Nkoya huwelijkspatroon kunnen al duidelijk worden onderkend aan de hand van het materiaal over Mabombola.

5.1. Algemene trekken van het Nkoya huwelijk en zijn implicaties voor het vestigingspatroon

Het Nkoya huwelijk is, althans sinds de aanvang van de 20e eeuw, overwegend virilocaal, d.w.z. de echtelieden vestigen zich in het dorp van de man. Uxorilokale vestiging – de echtelieden vestigen zich in het dorp van de vrouw – komt voor in een minderheid van de gevallen, met name wanneer de echtgenoot en zijn verwanten volstrekt niet in staat zijn om de in de 20^e eeuw opgekomen bruidsprijs in contanten te voldoen; de bruidegom neemt dan zijn toevlucht tot een ouder model van bruidsdiensten. Ook het huwelijk (vaak slechts concubinage) van verpande of tot slaaf gemaakte mensen zoals die tot het begin van de 20e eeuw geen uitzondering waren in Nkoya dorpen vooral rond de vorstenhoven, volgde het uxorilocale model.

In de eerste jaren van een huwelijk (wanneer de bruidsprijs meestal nog slechts ten dele betaald is) is het niet ongebruikelijk dat de vrouw nog lange perioden in haar eigen dorp doorbrengt en niet in dat van haar echtgenoot; soms voegt de man zich daar voor enige maanden of jaren bij haar alvorens het paar zich definitief virilocaal vestigt. Het ideale voorkeurshuwelijk met de MBD (*mufwala*) komt in de praktijk weinig voor, maar in die zeldzame gevallen neemt het dikwijls de vorm dat de man in zijn (uiteraard classificatorische) MB's dorp gaat wonen en aldus zijn residentiële claims als ZS combineert met die van DH. Het systeem staat polygynie toe maar die huwelijksvorm komt in de praktijk weinig voor.

Analytische termen als 'virilocaal' en 'uxorilocaal' suggereren een *permanentie* van vestiging en van samenwonen van de echtgenoten, die door de feiten meestal wordt ontkracht in de Nkoya situatie. De meeste Nkoya huwelijken eindigen niet in overlijden van een der echtelieden, maar in echtscheiding. Dit is zeker geen nieuw verschijnsel, hoewel er aanwijzingen zijn dat sinds de Onafhankelijkheid, onder invloed van nieuwe juridische verhoudingen in dit gebied (*vgl.* van Binsbergen 1977b), de toch al hoge echtscheidingsfrequentie nog enigszins is toegenomen. Huwelijken duren vaak niet meer dan enkele jaren, en het is zeer gebruikelijk voor een vrouw van nog geen veertig om al drie of vier huwelijken achter de rug te hebben. Ongeacht het al dan niet voldaan zijn van de bruidsprijs gaan jonge kinderen na scheiding in eerste instantie met de moeder mee, en volgen haar dan ook naar nieuwe woonplaatsen bij latere echtgenoten. Tegen dat de kinderen een jaar of zeven, acht zijn worden zij geacht zich te kunnen handhaven buiten de aanwezigheid van hun biologische moeder, en dan zien wij ze vaak voor enige jaren of langer terugkeren naar het dorp van hun vader.

Een dergelijke patroon leidt ertoe dat de kinderen van dezelfde ouder dikwijls slechts die ene ouder gemeen hebben, dus half-siblings zijn, en door de residentiële aspecten van de huwelijks-carrière van hun respectievelijke moeders in hun jeugd dikwijls ver van elkaar opgroeien. De residentiële claims op de dorpen van – eventueel classificatorische – F, M en grootouders van elk der beide ouders deelt zich aan het kind mee. Het gevolg is dat zelfs binnen hetzelfde dorp de meeste volwassenen niet alleen een unieke residentiële geschiedenis hebben maar ook een tamelijk unieke verzameling van residentiële alternatieven, die zij alleen met (schaarse) volle siblings delen.

Het is een algemeen verschijnsel bij de Nkoya dat echtscheiding geen definitieve breuk betekent in de aanverwantschapsrelaties tussen elk der voormalige echtelieden enerzijds en hun respectievelijke – vroegere – schoonfamilie anderzijds. Nog tientallen jaren na een scheiding noemt men elkaar nog steeds bij de desbetreffende aanverwantschapstermen, en dat is zelfs het geval indien de bruidsprijs nooit is betaald en de verbintenis tussen de partners destijds een informeel karakter behield. Het besef van de oude band levert geen wrevel, maar doet genoegen, en maakt ook in het heden nog steun en waardering mogelijk. Deze permanentie maakt het voor de kinderen uit dergelijke gebroken huwelijken des te gemakkelijker een beroep op hun oudere verwanten te doen voor vestiging en bijdrage in huwelijksbetalingen.

De vrouw van een Nkoya trekarbeider, voor zover zij haar man niet vergezelt naar zijn werkplek – wat bepaald geen regel is –, verblijft in haar eigen dorp of in dat van haar afwezige man, afhankelijk van een aantal factoren: de fase waarin het huwelijk verkeert, het al dan niet volledig aflossen van de bruidsprijs, de behoefte aan haar arbeidskracht in het dorp van haar man, en de mate waarin er in dat dorp toezicht op haar huwelijkstrouw kan woren uitgeoefend. Trekarbeid die leidt tot langdurig verblijf in den vreemde (vele Nkoya mannen verbleven tientallen jaren in de steden, en aan de mijnen en commerciële boerderijen van Zuidelijk Afrika) heeft vaak een verwoestend effect op de huwelijksband – niet alleen om sexuele redenen, maar ook omdat, als de echtgenoot geen geld stuurt, het de vrouw onmogelijk is om de mannelijke arbeidskracht te mobiliseren nodig om haar velden te bewerken. In de jaren 1930 besloten de Nkoya volkshoofden dat het een grond voor echtscheiding zou vormen indien een trekarbeider een vol jaar niets van zich had laten horen.

Ook voor het huwelijkspatroon geldt dat voor velen het wonen in een bepaald dorp een betrekkelijk optioneel karakter heeft: het is slechts een van de residentiële alternatieven die men heeft, en men is zich bewust van andere.

5.2. De circulatie van vrouwen tussen dorpen

Het materiaal voor het dorp Mabombola stelt ons in staat na te gaan of er een bepaald systeem is volgens hetwelk een dorp vrouwen aan andere dorpen uithuwelijkt, en vrouwen uit andere dorpen aantrekt als inhuwende huwelijkspartners.

Er kleven inmiddels echter nogal wat methodologische / operationele problemen aan deze vraagstelling:

1. Het blijkt door de residentiële mobiliteit en residentiële alternatieven van individuen lang niet altijd eenvoudig om vast te stellen waar precies iemand woonde ten tijde van het sluiten van een bepaald huwelijk.

2. Het *fysieke dorp* als concrete, ruimtelijke verzameling van bijeenwonende mensen is binnen de Nkoya sociale organisatie niet een primair sociologisch gegeven, maar een min of meer vluchtige neerslag van zich voortdurend hergroeperende en herdefiniërende, op zich niet direct waarneembare verwantenclusters, die ieder een *ideëel dorp* uitmaken.

Met de nodige toewijding en een overvloed aan concrete gegevens[32]

---

[32] Mijn material over Mabombola kan worden geïnterpreteerd tegen de rijke achtergrond van een uiterst gedetailleerde en omvangrijke, in het Nkoya gestelde systematische enquête, die door mij en mijn onderzoeksassistent de Heer Dennis Shiyowe onder 200 volwassenen te Njonjolo en Kazo werd afgenomen in de maanden November 1973 tot Maart 1974. Naast vele andere details van bezit, economische en religieuze activiteiten, normen en waarden, wereldbeeld, omvatte elke vragenlijst een volledig overzicht van de successievelijke woonplaatsen en huwelijken van de respondent. Dit materiaal werd

is vooral het eerste probleem redelijk te ondervangen, en dan wordt het mogelijk om het in principe ongrijpbare ideële dorp als verwantschapscluster voor het doel van onze analyse min of meer gebrekkig te operationaliseren als de concrete verzameling bijeenwonende individuen op een bepaald tijdstip, d.w.z. het fysieke dorp. Kijken wij dan, met het fysieke dorp Mabombola in het brandpunt, naar de uitwisseling van vrouwen tussen concrete dorpen, dan vallen een aantal principes op:

(a)   *Dorpsendogamie* komt zeer weinig voor.

(b)   Terwijl vele huwelijken worden gesloten binnen de vallei, is dit toch minder dan de helft: een krappe meerderheid van huwelijken wordt buiten de eigen vallei gesloten (*valleiexogamie*).

(c)   Bij huwelijken binnen de vallei volgt de geografische spreiding over de eigen vallei niet een blinde kansrekening, maar er is een sterk selectief patroon.

Deze drie principes zal ik in de volgende secties achtereenvolgens bespreken.

5.3. Dorpsendogamie

Dorpsendogamie komt zeer weinig voor. Het enige concrete geval is dat van de invalide Yani (25) die na het overlijden van zijn eerste vrouw Mufwaya I voor enkele jaren met haar erfgename Mufwaya II gehuwd is. Maar dit is duidelijk een uitzonderingsgeval: Yani was al een vreemde in het dorp, had er geen concrete verwantschappelijke wortels en was er uxorilocaal gehuwd. Het enige andere geval in mijn materiaal over Mabombola betreft (misschien niet toevallig) de ouders van dezelfde Mufwaya II: zij beweert dat zij buiten Mabo-

---

vervolgens voor digitale analyse gereedgemaakt, met name door mijn moeder, wijlen Mw M.T. Treuen.

mbola geen residentiële alternatieven heeft, zelfs geen dorpen van grootouders waar zij heen kan, omdat haar ouders Lishibi en Yakata 'binnen de eigen familie' getrouwd waren. Yakata behoort tot de oorspronkelijke generatie van Langalanga, Mushūwa etc., maar Lishibi's genealogische positie blijft onbekend. In sommige andere gevallen (ik behandel zo'n casus rond het dorp Shumbanyama in van Binsbergen 1979a; de betrokkenen zijn de beide grootouders van de hoofdpersoon van die studie, Edward Shelonga) blijkt dorps-endogamie voor de betrokkenen rampzalige kortsluitingen in hun verwantschappelijke schakelingen op te leveren.

5.4. Vallei-endogamie en vallei-exogamie

Terwijl vele huwelijken worden gesloten binnen de vallei, is dit toch minder dan de helft: een meerderheid van huwelijken wordt buiten de eigen vallei gesloten.

Volgens Tabel 2 was ongeveer 40% van de huwelijken rond Mabombola gesloten binnen de Njonjolo-vallei, en 60% daarbuiten. Het gemiddelde *huwelijksdomein* (het door huwelijksrelaties effectief gestructureerde geografische gebied rond een bepaald gelokaliseerd individu of groep) heeft kennelijk een straal van veel meer dan tien kilometer, want dat is de maximale lengte van de Njonjolo-vallei, en de dichtbijzijnde naburige vallei, Kazo, is voor veel dorpen in Njonjolo, aanzienlijk meer dan 5 kilometer ver.

De gegevens van Tabel 2 kunnen onderworpen worden aan een eenvoudige, niet-parametrische statistische analyse,[33] waarin wij

---

[33] Namelijk de *ratio likelihood* toets, waarbij wij nagaan of een waargenomen verdeling statistisch significant afwijkt van een andere, of van een *verwachte* verdeling, zonder dat wij ook maar enige aanname hoeven te doen over de aard van de onderliggende verdeling, en we al evenmin gebonden zijn aan de minimum vereiste van gemiddeld 5 per cel – zoals bij de meer gangbare chi-kwadraattoets. *Vgl.* Woolf 1957; Spitz 1961. Bij een eenzijdige toetsing is voor het 5%-niveau en df=1 (aantal vrijheidsgraden), de kritische waarde van de testvariabele, l of l', gelijk aan 1,92.

voor elke categorie (vallei-endogaam / vallei-exogaam / totaal, en daarbij nog onderscheid makend tussen duidelijke gevallen en ambiguë gevallen) toetsen of het cijfermateriaal reden geeft om de nulhypothese te verwerpen, volgens welke het dorp evenveel bruiden krijgt als geeft. Voor vrijwel alle categorieën blijkt het aantal ontvangen bruiden niet significant van het aantal gegeven bruiden te verschillen. Een significante uitzondering doet zich alleen voor ten aanzien van vallei-exogame huwelijken, als wij tenminste ook alle ambiguë gevallen meetellen: dan worden significant meer bruiden gegeven dan ontvangen. Dit is een aanwijzing dat het dorp Mabombola ernaar streeft om in zijn huwelijksrelaties buiten in de huidige eigen vallei eerder bruidgever dan bruidnemer te zijn – misschien als tegenhanger van een (onuitgesproken) verlangen om binnen de eigen Njonjolo-vallei vooral bruidnemer te zijn, en zo voor huidige en toekomstige generaties maximaal te profiteren van de hulpbronnen die plaatselijke aanverwanten te bieden hebben.

			bruiden ontvangen	bruiden gegeven	totaal	l'	df	p
1. binnen Njonjolo	alleen duidelijke gevallen	waargenomen	6	4	10	.40	1	niet signi-ficant
		verwacht	5	5	10			
	inclusief ambiguë gevallen	waargenomen	9	6	15	.60	1	niet signi-ficant
		verwacht	7.5	7.5	15			
2. buiten Njonjolo	alleen duidelijke gevallen	waargenomen	7	10	17	.53	1	niet signi-ficant
		verwacht	8.5	8.5	17			
	inclusief ambiguë gevallen	waargenomen	9	16	25	1.99	1	signi-ficant
		verwacht	12.5	12.5	25			
3. binnen en buiten Njonjolo	alleen duidelijke gevallen	waargenomen	13	14	27	.04	1	niet signi-ficant
		verwacht	13,5	13,5	27			
	inclusief ambiguë gevallen	waargenomen	16	22	38	.95	1	niet signi-ficant
		verwacht	19	19	38			

Tabel 2. Ontving Mabombola evenveel bruiden als het gegeven heeft?

In Tabel 3 stellen wij de vraag: Is er in Mabombola bij de categorie inhuwende bruiden een significant verschil in de verhouding tussen vallei-endogamie en vallei-exogamie, vergeleken met de categorie uithuwende bruiden? Hier vergelijken wij dus twee waargenomen verdelingen, in tegenstelling tot de eerdere toets, waarin een waargenomen verdeling met een verwachte verdeling wordt vergeleken. Zowel bij de uitsluitend duidelijke gevallen als wanneer wij ook de ambiguë gevallen meetellen, blijkt er enig gebrek aan evenwicht te bestaan: ontvangen bruiden vertonen de neiging om meer vallei-endogaam te zijn, gegeven bruiden meer vallei-exogaam. Dit effect is echter alleen significant als wij de ambiguë gevallen meetellen. Het suggereert hetzelfde effect als geconstateerd bij Tabel 1: dat Mabombola zijn uithuwende vrouwen graag buiten de vallei afzet, en zijn inhuwende vrouwen bij voorkeur binnen de vallei betrekt

		bruiden ontvangen	bruiden gegeven	totaal	l	df	p
alleen duidelijke gevallen	binnen Njonjolo	6	4	10			
	buiten Njonjolo	7	10	17	.90	1	niet significant
	totaal	13	14	27			
inclusief ambiguë gevallen	binnen Njonjolo	9	6	15			
	buiten Njonjolo	9	16	25	2.19	1	significant
	totaal	18	22	40			

Tabel 3. Is er in Mabombola bij de categorie inhuwende bruiden een significant verschil met de categorie uithuwende bruiden, in de verhouding tussen vallei-endogamie en vallei-exogamie?

De Tabellen 2 en 3 zijn gecompileerd uit de ruwe gegevens gepresenteerd in de nu volgende Tabel 4.

nummer	naam van het dorp	Mabombola ontving van dit dorp het aangegeven aantal bruiden	Mabombola gaf aan dit dorp het aangegeven aantal bruiden
	binnen de Njonjolo-vallei:		
1	Kalelema	$(1)^{@}, (1)^{§}$	
2	Mabombola (het dorp zelf)	$(1)^{#}$	$1^{\circ}, 1^{\infty}$
3	Matiya		$(1), 1$
4	Mukungu	1	
5	Mwala	1, 1	
6	Shikwasha	1, 1, 1	$1^{\circ}, 1^{\infty}, 1$
7	Yanika		(1)
	totaal	6+(3)	$4+(2)^{34}$
	dorpen buiten de Njonjolo-vallei (dorpsnaam wordt gevolgd door valleinaam tussen haakjes):		
8	Kakaezwa (Kakumbi)		1
9	Kandelele (Kalale)		1
10	Kiyalubilo (Mitobo)		(1)
11	Kwabila (Munkombwe / Mulambwa)	$(1)^{§}, (1)^{#}$	$1, (1), 1^{\$}$
12	? (Longe)		1
13	? (Loziland)	1	
14	Manenga (Luena)		(1)
15	Mbinjama (Kazo)		1
16	Mungandu (Munkuye / Shimano)	1	
17	Mutaka (Kamangango / Lalafuta)	1	
18	Mutondo (Nyango)	1	
19	Shakupota (Mpande)	1	
20	Shikwe (Lalafuta)		(1)
21	Shipungu (Kabanga / Kamangango)		$(1), 1^{\$}$

---

[34] Huwelijken die dubbel zijn vermeld worden per kolom slechts 1 x geteld.

22	Shitunya (Lalafuta)	1	
23	Shumbanyama (Kazo)		1
24	Tumboka (Mpande)		1
25	Wahila (Nyango)		(1)
26	? (incl. Lusaka)	1	1, 1
	totaal[35]	7+(2)	10+(6)
	totaal generaal	*13 (3)*	*14 (8)*

1   één huwelijk

*, §, #   een bepaald merkteken ($, §, or #) wordt gebruikt om een en hetzelfde huwelijk te merken indien de betrokken vrouw tot meerdere dorpen gerekend zou kunnen worden; bijv. 1§ komt voor in de tweede kolom onder Kalelema en Kwabila: het gaat om een vrouw die in Mabombola inhuwde, en die kan worden opgevat als komend van ofwel Kalelema ofwel Kwabila

1@   de echtgenoot verblijft te Mwala, maar zou kunnen geteld worden als verblijvend te Mabombola

1°   de vrouw is uxorilocaal getrouwd: de echtgenoot kwam van Shikwasha maar verhuisde naar Mabombola, daarom wordt hetzelfde huwelijk onder beide dorpen vermeld

1°°   een huwelijk tussen de weduwnaar van 1° (die bleef wonen in het dorp van zijn overleden echtgenote) en van 1°'s erfgename, opnieuw vermeld onder zowel Shikwasha als Mabombola

( )   dorpstoebehoren is ambigu

+   dorp in de Njonjolo-vallei

de huwelijken van Yosamu en zijn broers en zusters zijn niet opgenomen want dezen hebben Mabombola verlaten en worden niet langer als leden beschouwd

Het identificeren van de vele in deze analyse voorkomende dorps- en riviernamen stelt zware eisen van onze hulpbronnen: vaak zijn de Nkoya namen niet de enig gangbare, niet die van de overheid en de kaartmakers, en zijn de kleinere waterlopen op de officiële topografische kaarten helemaal niet benoemd. *Tears of Rain* bevat nuttige identificaties van rivieren met name in de kaarten van vroegere vorstenhoven. Voorts: Central Statistical Office 1968.

Tabel 4. Aspecten van het huwelijkspatroon van het dorp Mabombola.

---

35 Huwelijken die dubbel zijn vermeld worden per kolom slechts 1x geteld.

De complementariteit van concreet dorp en ideëel dorp maakt dat de huwelijkskandidaten in dergelijke vallei-endogame verbindingen niet *per se* binnen dezelfde vallei hoeven te wonen, zolang zij maar beschikbaar zijn om mee te spelen in de affinale relaties tussen naburige dorpen. Bij voorbeeld, in de Nkoya perceptie geldt het huwelijk van Neliya (31) met Francis uit het naburige Matiya als een huwelijksband tussen Mabombola en Matiya, ook al heeft Elina nooit in Mabombola gewoond. Iets dergelijks geldt voor het huwelijk tussen Eliya (24) en een man uit Shikwasha, – ook al heeft Eliya bijna haar hele korte leven buiten Mabombola gewoond.

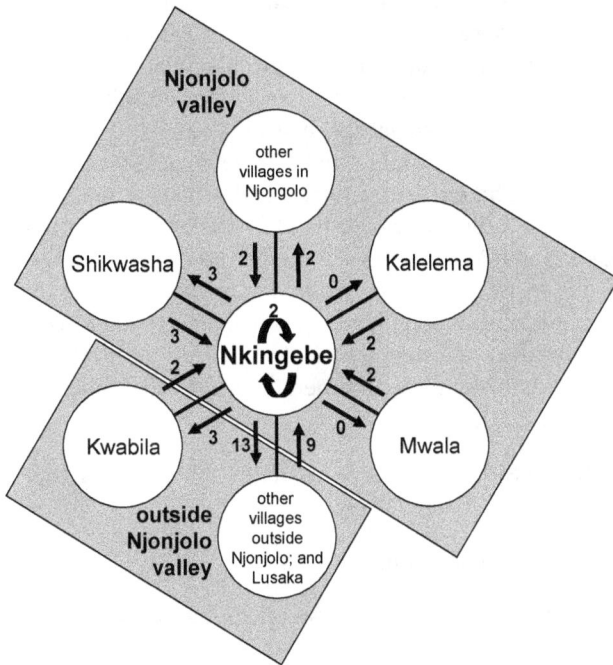

Fig. 13. Huwelijksbanden tussen dorpen en het bestaan van *connubia*

5.5. De selectieve huwelijksrelaties met dorpen binnen de context van vallei-endogamie

Na de bespreking van dorpsendogamie en vallei-endogamie, zijn wij nu aangeland bij de behandeling van selectiviteit van vallei-endogame huwelijken, gegeven van het grote aanbod, binnen een en dezelfde vallei, van mogelijke dorpen om huwelijksrelaties mee aan te gaan.

Bij huwelijken binnen de vallei blijkt de geografische spreiding over de eigen vallei niet een blinde kansrekening te volgen, maar vinden we een sterk selectief patroon: met lang niet alle dorpen uit de vallei worden huwelijksrelaties aangegaan, en in plaats daarvan is er de tendentie om tussen dorpen de huwelijksrelaties uit voorgaande generaties te herhalen en / of te reciproceren. Van de tientallen dorpen in de Njonjolo-vallei speelt slechts een handvol een rol in de huwelijksrelaties van Mabombola: Kalelema, Matiya, Mukungu, Mwala, Shikwasha en Yanika. Het feit dat met de meeste van deze dorpen meervoudige huwelijksbanden bestaan (met uitzondering van Mukungu en Yanika) bewijst dat het hier onmiskenbaar om een positieve selectie gaat (om *connubia* in de zin van over enige generaties herhaalde vaste huwelijksrelaties), en niet slechts om een *random* spreiding van een aantal huwelijksbanden dat nu eenmaal zo gering is dat vele dorpen binnen de eigen vallei moesten worden overgeslagen.

Welke principes bepalen deze selectie? Wij moeten hier aan de volgende factoren denken:

1. geografische nabijheid,

2. de (beperkte) herhalingstendens binnen het Nkoya huwelijkspatroon,

3. De clan-structuur,

4. De beperkte relevantie van het dorp als uitgangspunt bij de analyse van het huwelijkssysteem:concatenatie binnen het niet-gelokaliseerde verwantschapsnetwerk.

5.5.1. Geografische nabijheid

Deze factor heeft, zoals overal ter wereld,[36] een zekere invloed op het huwelijkspatroon. De meeste huwelijken binnen Njonjolo zijn met de buurdorpen Kalelema, Shikwasha en Mwala.

5.5.2. De (beperkte) herhalingstendens binnen het Nkoya huwelijkspatroon

Wanneer eenmaal een bevredigende huwelijksband met een bepaald dorp bestaat stelt men er grote eer in deze band te bestendigen, bij voorbeeld door *sororaat* (een weduwnaar krijgt een – classificatorische – zuster van de overledene tot vrouw, in principe zonder nieuwe betaling van bruidsprijs); door de optie die weduwe of weduwnaar heeft om te huwen met de erfgenaam van de overledene – zelden een classificatorische sibling, maar meer typisch een lid van een latere generatie; of door een geheel nieuw huwelijk in de volgende generatie, hetzij in dezelfde richting hetzij in de omgekeerde richting. Herhaalde huwelijken in dezelfde richting binnen één generatie, zonder dat een eerdere gegeven vrouw al overleden is, worden gezien als onnodige verspilling van het schaarse mensenkapitaal: 'wij hebben toch al een zuster daar', maar een vervangingshuwelijk (na overlijden) of één hernieuwd huwelijk in een volgende generatie wordt als uiterst wenselijk en strategisch gezien. Verder is de strategie om niet alles op één kaart te zetten, maar juist door huwelijken een ruime spreiding van demografisch risico zowel als van regionale contacten te creëren, waarvan dan in toekomstige generaties geprofiteerd kan worden voor samenwonen; huwelijksrelaties; en ondersteuning ten aanzien van neo-traditionele politieke steun; steun en onderdak voor kinderen ten behoeve van schoolbezoek, bij hongersnood en in geval van verwezing; distributie van goederen en informatie tussen stad, districtscentrum en dorp.

5.5.3. De clanstructuur binnen de vallei

Wij hebben al geconstateerd dat de Njonjolo-vallei en haar vestigingsgeschiedenis in vele opzichten gedomineerd wordt door de

---

36 *Vgl.*: Jacobsohn & Matheny 1963; Sheets 1982; Stouffer 1940; van Binsbergen 1970 en in voorbereiding (a).

aanwezigheid van het vorstenhof van *Mwene* Kahare. Het dorp Mabombola nu heeft tal van huwelijksrelaties met de politieke rivalen van de huidige eigenaars van de Kahare-titel (Shamamano en zijn vooral agnatische afstammelingen): de Shipungu / Shumbanyama groep die, als leden van de Kanyembo clan, een eeuw geleden nog nauw geassocieerd was met het Kahare-koningschap van Kambotwe. Mabombola heeft nagenoeg geen huwelijksrelaties met de huidige Kahare-cluster, en de veronderstelling lijkt gerechtvaardigd dat de Kahare-cluster (gedomineerd door de Kale-clan) huwelijken met Mabombola en aanverwante dorpen mijdt om de eigen, wankele, claims op de felbegeerde koninklijke Kahare-titel zo weinig mogelijk te laten vertroebelen; ofwel, juist gemeden wordt uit wrok over de gepleegde usurpatie.

Deze impliciet antagonistische opstelling van Mabombola in het huwelijkspatroon maakt misschien ook begrijpelijk waarom het huwelijksnetwerk van dit dorp twee verbintenissen omvat met het immigrantendorp Matiya, in de jaren 1930 gesticht door een uit Angola afkomstige Mbundu immigrant die door de sinds 1923 te Luampa gevestigde South Africa General Mission als onderwijzer naar Njonjolo was gezonden. *Mwene* Kahare Timuna onderhield nauwe banden met de zending, en huisvestte Matiya, die als Timuna's cliënt fungeerde, in de naaste omgeving van het vorstenhof (toen nog aan de zuidoever van de Njonjolo gelegen). Misschien dat een band met de Kahare-cliënt Matiya alles was wat de Mabombola cluster aan huwelijksbanden naar de Kahare groep toe werd toegestaan of voor Mabombola aanvaardbaar was. Het is echter ook goed mogelijk dat in de herhaalde huwelijksband tussen Matiya en Mabombola louter geografische nabijheid een hoofdrol speelde.

5.5.4. De beperkte relevantie van het dorp als uitgangspunt bij de analyse van het huwelijkssysteem: Concatenatie binnen het niet-gelokaliseerde verwantschapsnetwerk

Indien wij de detailanalyse hadden uitgebreid tot het traceren van verwantschapsketens tussen individuen van buiten Mabombola die op diverse plaatsen in de Mabombola genealogie opduiken, dan zouden ons hele samenhangende reeksen opvallen. Dit zijn met name clusters geconcentreerd op de volgende dorpen:

- Shikwasha
- Shipungu / Kwabila / Shumbanyama / Mbinjama
- Wahila
- Shakupota / Tumpoka (beide aan de Luampa en nauw-verwant; in de generatie van Langalanga was er een twee-voudige huwelijksrelatie met deze groep)
- Matiya
- Kalelema

Men kan bijvoorbeeld de verwevenheid van de ketens aantonen door de driehoek Kalelema / Shipungu (Shumbanyama) / Mabombola verder te verkennen, zoals in Fig. 14. Laten we voorts niet vergeten dat ook Eshiteli (06) de vrouw van Kawush, die de hele Kwabila-familie in Mabombola heeft binnengeloosd, in feite in Mabombola is terechtgekomen niet direct vanuit Kwabila maar via een kortstondige periode van verblijf in Kalelema!

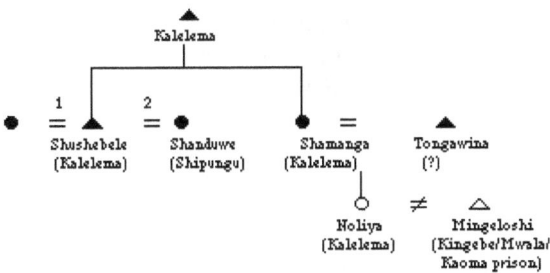

Fig. 14. Voorbeeld van een verwantschapsketen tussen dorpen

Een andere soortgelijke analyse zou een nadere verkenning kunnen zijn van de band Shikwasha / Kikambo / Shumbanyama / Shipungu / Kwabila / Mabombola, waarbij ook een *connubium* aan het licht lijkt te komen van onvermoede intensiteit en door herhaling versterking van huwelijksbanden over en weer. De genealogie van de dorpen Mabombola en van Shumbanyama (hier niet weerge-geven; zie echter van Binsbergen 1979a) biedt voor een dergelijke analyse voldoende materiaal. Hierbij kunnen wij ook denken aan het feit dat Kikambo, schoonvader van Dennis het huidige (sinds 1996) dorpshoofd van Shumbanyama, afkomstig was van Shikwasha, en dat zijn zuster de echtgenote was van Shituwala; deze relatie komt in de volgende generatie weer dubbel terug: huwelijk van Neli (Kikambo / Shikwasha) met Dennis, van Dennis FZS Shimbotwe met Lungalukata de dochter van Situwala en zuster van Kikambo, en naar boven toe door de band tussen Mabombola en Shipungu / Kwabila.

Soms is het mogelijk dit type netwerk van huwelijksrelaties in een diagram te vatten, zoals in Fig. 14, hoewel het fluïde karakter van de ideële dorpsclusters dit uiterst moeilijk maakt. Indien wij het ideële dorp door een kunstgreep mogen operationaliseren door het fysieke dorp, wordt de zaak wat eenvoudiger. Het materiaal is dan mis-schien nagenoeg compleet voor Mabombola, maar zeker niet voor de andere clusters die in de bovengenoemde dorpen geconcentreerd zijn. Dit is tegelijk een van de allergrootste problemen van verwant-schappelijke analyse van de Nkoya: *het feit dat het in feite een individuele netwerk-analyse is, omdat ieder lid van de Nkoya samen-leving een vrijwel uniek netwerk van verwanten om zich heen heeft terwijl de residentiële groep die een aantal individuen incorporeert kortstondig en ad-hoc, shifting etc. is.*

6. Conclusie

Ook bij volgehouden streven naar volledigheid kan de genealogie slechts een globale indruk geven van de feitelijke huwelijksnetwerk rond Mabombola. Het belangrijkste is dat de genealogie slechts een van de vele mogelijke optieken geeft om dit materiaal te organiseren en te stroomlijnen. Van zeer vele mensen in de valleien Njonjolo, Kazo, en van vele mensen in de andere valleien in het wijde Nkoya-gebied, is het slechts een of twee genealogische stappen naar de mensen getoond in de genealogie; vanuit het perspectief van ieder van die mensen bestaan er dus duizenden andere combinaties om de kortste genealogische en affinale weg tussen de betrokkenen, en aldus de bestaande verwantschappelijke structuur, aan te geven en te analyseren. Wat daarom aan het systeem belangrijk is, is niet de feitelijke structuur, *maar de onderliggende structuur om structuur te genereren en op die basis mensen te mobiliseren.*

Hoe die structuur zich bij gedetailleerd onderzoek voordoet is in de voorgaande hoofdstukken geanalyseerd en in de inleiding samengevat. Het wordt tijd om weer in onze tijdmachine plaats te nemen en Mabombola, de jaren 1970, en de verwantschapsantropologie, achter ons te laten.

Bibliografie

1. Studies aangehaald in de tekst; zie ook (2)

Anonymous, 'Nkoya: A language of Zambia', Ethnologue, at: http://www.ethnologue.com/language/NKA.

Barnes, J.A., 1962, 'African models in the New Guinea Highlands', Man, 62: 5-9.

Barnes, J.A., 1967, 'Genealogies', in: Epstein, A.L., red., The craft of social anthropology, Londen: Social Science Paperback / Tavistock, pp. 101-127.

Bates, R., 1976, Rural Responses to Industrialization, New Haven CT / Londen: Yale University Press.

Bohannan, L., 1952, 'A genealogical charter', Africa, 22: 301-315.

Central Statistical Office, 1968, May/June, 1963 Census of Africans. Village populations Part(s): District: Mankoya, Lusaka: Central Statistical Office, Government of the Republic of Zambia.

Central Statistical Office, z.j. [ca. 1975] , Interregional variations in fertility in Zambia, Lusaka: Central Statistical Office.

Clay, G.C., 1946, History of the Mankoya District, Rhodes-Livingstone Institute.

Colson, E., & Gluckman, H.M., 1951, red., Seven tribes of Central Africa, Manchester: Manchester University Press.

Colson, E., 1967, 'The intensive study of small sample communities', in: Epstein, A.L., red., The craft of social anthropology, Londen: Social Science Paperback/Tavistock, pp. 3-15.

Cross, S., 1978, 'Independent churches and independent states: Jehovah's Witnesses in East and Central Africa', in: Fasholé-Luke, E.R., R. Gray, A. Hastings & Tasie, G., red, *Christianity in Independent Africa*, Londen: Rex Collins, pp. 304-315.

Cunnison, I.G., 1956, 'Perpetual kinship: A political institution of the Luapula peoples', *Rhodes-Livingstone Journal*, 20: 28-48.

Epstein, A.L., 1967, red., *The craft of social anthropology*, Londen: Social Science Paperback/Tavistock.

Evans-Pritchards, E.E., 1940, *The Nuer: A description of the modes of livelihood and political institutions of a Nilotic people*, Oxford: Clarendon.

Fields, K.E., 1985, *Revival and rebellion in colonial Central Africa*, Princeton: Princeton University Press.

Fortes, M., & Evans-Pritchard, E.E., 1940, red., *African political systems*, Londen: Oxford University Press.

Fortes, M., 1945, *The dynamics of clanship among the Tallensi*, Londen: Oxford University Press for International African Institute.

Fortes, M., 1949, *The web of kinship among the Tallensi*, Londen: Oxford University Press for International African Institute.

Fortes, M., 1953, 'The structure of unilineal descent groups', *American Anthropologist*, 55: 17-41.

Fortune, G., 1959, *A preliminary survey of the Bantu languages of the Federation*, Lusaka: Rhodes-Livingstone Institute, Rhodes-Livingstone Communication No. 14.

Fortune, G., 1963, 'A note on the languages of Barotseland', in: *Proceedings of Conference on the History of Central African Peoples*, Lusaka: Rhodes-Livingstone Institute.

Fortune, G., 1970, 'The languages of the Western province of Zambia', *Journal of the Language Association of Eastern Africa*, 1: 31-38.

Ferguson, J., 1999, *Expectations of modernity: Myths and meanings of urban life on the Zambian Copperbelt*, Berkeley etc.: University of California Press.

Geschiere, Peter, 1997, *The modernity of witchcraft: Politics and the occult in postcolonial Africa*, Charlottesville: University Press of Virginia.

Gewald, J.B., 2007, 'Researching and writing in the twilight of an imagined conquest: Anthropology in Northern Rhodesia 1930-1960', Leiden: African Studies Centre, ASC working paper.

Gluckman, H.M., 1943, *Essays on Lozi land and royal property*, Rhodes-Livingstone Paper No. 10, Livingstone, Northern Rhodesia: Rhodes-Livingstone Institute.

Gluckman, H.M., 1951, 'The Lozi of Barotseland, N.W. Rhodesia', in: Colson, E., & Gluckman, H.M., red., *Seven tribes of British Central Africa*, Oxford University Press for Rhodes-Livingstone Institute, pp. 1-93.

Gluckman, H.M., 1955, *Custom and conflict in Africa*, Oxford: Blackwell.

Gluckman, H.M., 1958, *Analysis of a social situation in modern Zululand*, Manchester University Press for Rhodes-Livingstone Institute, Rhodes-Livingstone Paper no. 28; eerder verschenen in *Bantu Studies / African Studies*, 1940-1942.

Greschat, H.J., 1967, *Kitawala: Ursprung, Ausbreitung und Religion der Watch-Tower-Bewegung in Zentral-Afrika*, Marburg: Marburger Theologische Studien, 4.

Hailu, K., 1995, 'An anthropological study of the Nkeyema agricultural scheme, Kaoma district, Zambia', M.A. thesis, Vrije Universiteit, Amsterdam; published in 2001, *Rural development and agricultural policy in central western Zambia: The case of Kaoma-Nkeyema tobacco scheme*, Leiden: African Studies Centre.

Headland, T.N., Pike, K.L., & Harris, M., 1990, red, *Emics and etics: The insider/outsider debate*, Frontiers of Anthropology no. 7, Newbury Park / Londen / New Delhi: Sage.

Hodges, T., 1976, *Jehovah's Witnesses in Central Africa*, Londen: Minority Rights Group.

Hooker, J.R., 1965, 'Witnesses and Watchtower in the Rhodesias and Nyasaland', *Journal of African History*, 6: 91-106.

Jacobsohn, P., & A.P. Matheny, Jr., 1963, 'Mate selection in open marriage systems', in: Mogey, John M., 1963, ed, *Family and marriage*, Leiden: Brill, pp. 98-123.

Jongmans, D.G., 1973, 'Politics on the village level', in: Mitchell, J.C., & Boissevain, J.F., red., *Network analysis: Studies in human interaction*, The Hague / Parijs: Mouton, pp. 167-217.

Jongmans, D.G., & Gutkind, P.C.W., 1967, red., *Anthropologists in the field*, Assen: van Gorcum.

Kashoki, M.E., 1978, 'The language situation in Zambia', in: Ohannessian, S., & Kashoki, M.E., red., *Language in Zambia*, Londen: International African Institute, pp. 9-46.

Kay, G., 1964, *Chief Kalaba's Village*, Manchester University Press for Rhodes-Livingstone Institute, Rhodes-Livingstone Paper no. 35.

Köbben, André J.F., 1964, *Van primitieven tot medeburgers*, Assen: Van Gorcum.

Köbben, André J.F., 1969, 'Classificatory kinship and classificatory status: The Cottica Djuka of Surinam', *Man*, 4, 2: 236-249.

Long, Norman, 1968, *Social change and the individual: A study of the social and religious responses to innovation in a Zambian rural community*, Manchester: Manchester University Press.

Marwick, M.G., 1965a, *Sorcery in its social setting*, Manchester: Manchester University Press.

Marwick, M.G., 1965b, 'Some problems in the sociology of sorcery and witch-craft', in: Fortes, M., & Dieterlen, G., 1965, red., *African systems of thought*, Oxford: Oxford University Press for International African Institute, pp. 171-195.

Mitchell, J.C., 1971, *The Yao village*, Manchester: Manchester University Press for Rhodes-Livingstone Institute, first published 1956.

Nelson-Richards, M., 1988, *Beyond the sociology of agrarian transformation: Economy and society in Zambia, Nepal and Zanzibar*, Leiden: Brill.

Pottier, Johan, 1988, *Migrants no more: Settlement and survival in Mambwe villages, Zambia*, Bloomington: Indiana University Press.

Radcliffe-Brown, A.R., & Forde, D., 1950, red., *African systems of kinship and marriage*, Londen: Oxford University Press.

Radcliffe-Brown, A.R., 1952, *Structure and function in primitive society*, Londen: Oxford University Press / Cohen & West.

Republic of Zambia (by kind assistance of D.A. Lehmann and M.E. Kashoki, IAS, UNZA, Lusaka), 1974, '[Map of] Languages', Lusaka: Office of the Surveyor General.

Richards, A.I., 1970, 'Some types of family structure among the Central Bantu', in: Radcliffe-Brown, A.R., & Forde, D., red., *African Systems of Kinship and Marriage*, Londen: Oxford University Press, pp. 207-251; herdruk, eerste druk 1950.

Seur, H., 1992, 'Sowing the good seed: The interweaving of agricultural change, gender relations and religionin Serenje district, Zambia', Ph.D. thesis, Landbouwuniversiteit Wageningen.

Sheets, J.W., 1982, 'Nonleptokurtic marriage distances on Colonsay and Jura', *Current Anthropology*, 23, 1: 105-106.

Spitz, J.C., 1961, 'De l-toets en de l'-toets, volwaardige vervangers van enkele gebruikelijke X2-toetsen', *Nederlands Tijdschrift voor de Psychologie*, 16: 68-88.

Stouffer, S.A., 1940, 'Intervening opportunities: A theory relating mobility and distance', *American Sociological Review*, 5: 845-867.

Thoden van Velzen, H.U.E., & van Wetering, W., 1988, *The great father and the danger: Religious cults, material forces and collective fantasies in the world of the Surinamese Maroons*, Dordrecht: Foris.

Thoden van Velzen, H.U.E., & van Wetering, W., 2004, *In the shadow of the oracle: Religion and politics in a Suriname Maroon society*, Long Grave IL: Waveland.

Turner, V.W., 1957, *Schism and continuity in an African society*, Manchester: Manchester University Press.

van Binsbergen, Wim M.J., 1970, 'Verwantschap en territorialiteit in de sociale structuur van het bergland van Noord-West Tunesië', doctoraalscriptie,

Universiteit van Amsterdam, Anthopologischl Sociologisch Centrum.

van Binsbergen, Wim M.J., 1977c, 'Occam, Francis Bacon and the transformation of Zambian society', *Cultures et Développement*, 9, 3: 489-520.

van Binsbergen, Wim M.J., 1988, 'The land as body: An essay on the interpretation of ritual among the Manjaks of Guinea-Bissau', in: Frankenberg, R., red., *Gramsci, Marxism, and phenomenology: Essays for the development of critical medical anthropology*, themanummer *Medical Anthropological Quarterly*, new series, 2, 4: 386-401.

van Binsbergen, Wim M.J., 2001, 'Witchcraft in modern Africa as virtualised boundary conditions of the kinship order', in: Bond, G.C., & Ciekawy, D.M., red., *Witchcraft dialogues: Anthropological and philosophical exchanges*, Athens OH: Ohio University Press, pp. 212-263.

van Binsbergen, Wim M.J., 2007, 'Manchester as the birth place of modern agency research: The Manchester School explained from the perspective of Evans-Pritchard's book *The Nuer*', in: de Bruijn, M., Rijk van Dijk & Jan-Bart Gewald, red., *Strength beyond structure: Social and historical trajectories of agency in Africa*, Leiden: Brill, pp. 16-61.

van Binsbergen, Wim M.J., in voorbereiding (a), *Religion and social organisation in north-western Tunisia, Volume I: Kinship, spatiality, and segmentation, Volume II: Cults of the land, and Islam*.

van der Veen, K.W., 1972, *I give thee my daughter: Huwelijk en hiërarchie bij de Anavil Brahman van Zuid Gujarat*, Assen: Van Gorcum.

van Teeffelen, T., 1978, 'The Manchester School in Africa and Israel: A critique', *Dialectical Anthropology*, 3 : 67-83.

van Velsen, J., 1964, *The politics of kinship*, Manchester: Manchester University Press.

Watson, W., 1958, *Tribal cohesion in a money economy: A study of the Mambwe people*, Manchester: Manchester University Press.

Watson, W., met medewerking van J. van Velsen, 1954, 'The Kaonde village', *Rhodes-Livingstone Journal / Human Problems in British Central Africa*, 15: 1-29.

Werbner, Richard P., 1984, 'The Manchester School in South-Central Africa', *Annual Review of Anthropology*, 13: 157-185.

Woolf, B., 1957, 'The log likelihood ratio test (the G test)', *Annals of human genetics*, 21: 397-409.

Worsley, P.M., 1956, 'The kinship system of the Tallensi: a revaluation', *Journal of the Royal Anthropological Institute*, 86, 1: 36-75.

Yasutoshi Yukawa, 1987, *A classified vocabulary of the Nkoya language*, Tokyo: University of Foreign Studies, Institute for the Study of Languages and Cultures of Asia and Africa (ILCAA).

2. Studies van de Nkoya door Wim van Binsbergen

van Binsbergen, Wim M.J., 1972, 'Bituma: Preliminary notes on a healing cult among the Nkoya', paper, Conference on the History of Central-African Religious Systems, Lusaka, 1972, http://shikanda.net/publications/bituma%201972%20for%20PDF%20def.p df ; vervolgens gepubliceerd in: van Binsbergen, Wim M.J., 1981, *Religious Change in Zambia: Exploratory studies*, Londen / Boston: Kegan Paul International, ch. 5.

van Binsbergen, Wim M.J., 1974, 'Kinship, marriage and urban-rural relations: A preliminary study of law and social control among the Nkoya of Kaoma district and of Lusaka, Zambia', Leiden: African Studies Centre, Conferences Papers Series; verkorte versie vervolgens gepubliceerd als: van Binsbergen, Wim M.J., 1977, 'Law in the context of Nkoya society', in: S. Roberts, ed., *Law and the family in Africa*, The Hague / Parijs: Mouton, pp. 39-68; deze versie wordt opgenomen in *Our drums are always on my mind*.

van Binsbergen, Wim M.J., 1975a, 'Ethnicity as a dependent variable: inter-ethnic relations in Zambia', paper presented at the 34th Annual Meeting of the Society for Applied Anthropology, Amsterdam; sterk herziene versie vervolgens gepubliceerd als: van Binsbergen, Wim M.J., 1981, 'The unit of study and the interpretation of ethnicity: Studying the Nkoya of Western Zambia', in: *Journal of Southern African Studies*, 8, 1: 51-81; en als: van Binsbergen, Wim M.J., 1985, 'From tribe to ethnicity in western Zambia: The unit of study as an ideological problem', in: van Binsbergen, Wim M.J., & Geschiere, P.L., red., *Old modes of production and capitalist en-croachment: Anthropological explorations in Africa*, Londen: Kegan Paul International, pp. 181-234.

van Binsbergen, Wim M.J., 1975b, 'Labour migration and the generation con-flict: Social change in Western Zambia', paper, 34th Annual Meeting, Soci-ety for Applied Anthropology, Amsterdam, sectie: anthropology of migration, http://www.shikanda.net/ethnicity/labour.htm ; wordt opge-nomen in: *Our drums are always on my mind*.

van Binsbergen, Wim M.J., 1976a, 'Ritual, class and urban-rural relations: Elements for a Zambian case study', *Cultures et Developpement* , 8, 1976a, 2: 195-218; opgenomen in van Binsbergen 1981a.

van Binsbergen, Wim M.J., 1976b, 'The dynamics of religious change in Western Zambia', *Ufahamu*, 6, 3: 69-87.

Van Binsbergen, Wim M.J., 1977a, 'Regional and non-regional cults of affliction in western Zambia', in: Werbner, R.P., ed., 1977, *Regional Cults*, Londen: Academic Press, ASA Monograph no. 16, pp. 141-175; opgenomen in van Binsbergen 1981a.

van Binsbergen, Wim M.J., 1977b, 'Law in the context of Nkoya society', in: Roberts, S., ed., *Law and the family in Africa*, Den Haag / Parijs: Mouton, pp. 39-68; wordt opgenomen in *Our drums are always on my mind*.

van Binsbergen, Wim M.J., 1977c, zie boven, bibliografie (1)

van Binsbergen, Wim M.J., 1978, 'Class formation and the penetration of capitalism in a Zambian rural district', paper, Seminar on class formation and social stratification in Africa, Leiden, African Studies Centre, at http://www.shikanda.net/ethnicity/class.htm ; herziene versie als van Binsbergen 2012e; wordt opgenomen in *Our drums are always on my mind*.

van Binsbergen, Wim M.J., 1979a, 'The infancy of Edward Shelonga: An extended case from the Zambian Nkoya', in: van der Geest, J.D.M., & van der Veen, K.W., red, *In search of health: Six essays on medical anthropology*, Amsterdam: Antropologisch Sociologisch Centrum, pp. 19-90, zie ook: http://shikanda.net/publications/ASC-1239806-041.pdf; wordt opgenomen in *Our drums are always on my mind*.

van Binsbergen, Wim M.J., 1979b, 'Explorations in the sociology and history of territorial cults in Zambia', in: Schoffeleers, J.M., red, 1979, *Guardians of the land: Essays on African territorial cults*, Gwelo: Mambo Press, pp. 47-88; herziene versie in: van Binsbergen, *1981a*: 100-134.

van Binsbergen, Wim M.J., 1981a, *Religious change in Zambia: Exploratory studies*, Londen / Boston: Kegan Paul International; eerdere versie als proefschrift, Vrije Universiteit, Amsterdam, 1979.

van Binsbergen, Wim M.J., 1981b, 'The unit of study and the interpretation of ethnicity: Studying the Nkoya of Western Zambia', *Journal of Southern African Studies*, 8, 1: 51-81.

van Binsbergen, Wim M.J., 1981c, 'Theoretical and experiential dimensions in the study of the ancestral cult among the Zambian Nkoya', paper, Symposium on Plurality in Religion, International Union of Anthropological and Ethnological Sciences Intercongress, Amsterdam, 22-25 April, 1981; http://www.shikanda.net/african_religion/ancest.htm ; op te nemen in *Our drums are always on my mind*.

van Binsbergen, Wim M.J., 1985, 'From tribe to ethnicity in western Zambia: The unit of study as an ideological problem', in: Wim M.J. van Binsbergen & Geschiere, P., red., *Old modes of production and capitalist encroachment: Anthropological explorations in Africa*, Londen: Kegan Paul International, pp. 181-234.

van Binsbergen, Wim M.J., 1986a, 'De vrouwelijke kant van staatsvorming in prekoloniaal centraal Westelijk Zambia', in: Claessen, H.J.M., *Machtige moeders: Over de positie van de vrouw in vroege staten*, Leiden: Instituut voor Culturele Antropologie en Sociologie der Niet-Westerse Volken, Rijksuniversiteit Leiden, pp. 157-216.

van Binsbergen, Wim M.J., 1986b, 'The post-colonial state, "state penetration" and the Nkoya experience in Central Western Zambia', in: van Binsbergen, Wim M.J., Hesseling, G., & Reijntjens, F., red., *State and local community in Africa / Etat et communauté locale en Afrique*, Brussels: Cahiers du CEDAF [Centre d'Etudes et de la Documentation Africaines] / ASDOC [Afrika Studie en Documentatie Centrum] geschriften, pp. 31-63.

van Binsbergen, Wim M.J., 1987a, 'Chiefs and the state in independent Zambia: Exploring the Zambian national press', in: *Journal of Legal Pluralism and Unofficial Law*, themanummer 'Chieftaincy and the state in Africa,' van Rouveroy van Nieuwaal, E.A.B., Baerends, E.A., & Griffiths, J.A., red., 25 & 26: 139-201.

van Binsbergen, Wim M.J., 1987b, 'De schaduw waar je niet overheen mag stappen: Een westers onderzoeker op het Nkoja meisjesfeest', in: van Binsbergen, Wim M.J., & Doornbos, M.R., red., *Afrika in spiegelbeeld*, Haarlem: In de Knipscheer, pp. 139-182.

van Binsbergen, Wim M.J., 1987c, ' "The shadow you are not supposed to tread upon": Female initiation and field-work in central western Zambia', paper, Third Satterthwaite Colloquium on African Religion and Ritual, University of Manchester / Satterthwaite (Cumbria), 21-24 april, 1987; herziene versie in van Binsbergen 2003d.

van Binsbergen, Wim M.J., 1987d, 'Culturele dilemma's van de ontwikkelings-werker', in: themanummer 'Over de grenzen van culturen', ed. H. Procee, *Wijsgerig Perspectief op maatschappij en wetenschap*, 27, 4, 1986-87, pp. 124-28; zie ook http://shikanda.net/general/dilemmas.htm .

van Binsbergen, Wim M.J., 1988, (ed.), *J. Shimunika's Likota lya Bankoya: Nkoya version*, Research report No. 31B, Leiden: African Studies Centre.

van Binsbergen, Wim M.J., 1990a, '*Oesjwana [Ushwana]*: het naamvererings-ritueel bij de Nkoja van westelijk Zambia', foto presentatie bij de gelegenheid van het Pieter de la Courtgebouw, Faculteit Sociale Wetenschappen, Rijksuniversiteit Leiden, mei 1990; zie ook: http://www.shikanda.net/african_religion/ushwana/ushwana.htm ; op te nemen in *Our drums are always on my mind.*

van Binsbergen, Wim M.J., 1990b, 'Grondrechten (mensenrechten) in het traditionele rechtssysteem van de Zambiaanse Nkoya: Een rechtsantropo-logische notitie', paper, African Studies Centre, Leiden; herzien als: van Binsbergen 2012a; op te nemen in *Our drums are always on my mind.*

van Binsbergen, Wim M.J., 1991a, 'De chaos getemd? Samenwonen en zingeving in modern Afrika', in: Claessen, H.J.M., ed., *De chaos getemd?*, Leiden: Faculteit der Sociale Wetenschappen, Rijksuniversiteit Leiden, pp. 31-47.

van Binsbergen, Wim M.J., 1991b, 'Religion and development: Contributions to a new discourse', *Antropologische Verkenningen*, 10, 3, 1991, pp. 1-17; zie ook veel uitvoeriger versie: http://www.shikanda.net/african_religion/reldev.htm [met een uitvoerige bespreking van het Nkoya wereldbeeld en mensbeeld]

van Binsbergen, Wim M.J., 1992a, *Tears of Rain: Ethnicity and history in western central Zambia*, Londen / Boston: Kegan Paul International.

van Binsbergen, Wim M.J., 1992b, 'De onderzoeker als spin, of als vlieg, in het web van de andere cultuur: Naar aanleiding van Filip de Boecks medische etnografie van het Lunda gebied', *Medische Antropologie*, 4, 2: 255-267. [trekt lijnen door naar de verwante Nkoya]

van Binsbergen, Wim M.J., 1992c-1994, *Kazanga: Etniciteit in Afrika tussen staat en traditie*, oratie, Amsterdam: Vrije Universiteit; Franse versie: 'Kazanga: Ethnicité en Afrique entre État et tradition', in: van Binsbergen, Wim M.J., & Schilder, K., red, *Perspectives on ethnicity in Africa*,themanummer ethnicity, *Afrika Focus*, 1 (1993): 9-40; sterk uitgebreide en herziene versie: 'The Kazanga festival: Ethnicity as cultural mediation and transformation in central western Zambia', *African Studies*, 53 (1994): 92-125.

van Binsbergen, Wim M.J., 1993a, ' "Geef hem dan maar aan de krokodillen"': Staatsvorming, geweld en culturele discontinuïteit in voor-koloniaal Zuidelijk Centraal Afrika', themanummer over state formation, Dahles, H. & Trouwborst, A., red., *Antropologische Verkenningen*, 12: 10-31; zie ook http://www.shikanda.net/publications/ASC-1239806-056.pdf; Engelse versie: van Binsbergen, Wim M.J., 2003, 'Then give him to the crocodiles': Violence, state formation, and cultural discontinuity in west central Zambia, 1600-2000', in: van Binsbergen, Wim M.J., met medewerking van Pelgrim, R., red., *The dynamics of power and the rule of law: Essays on Africa and beyond in honour of Emile Adriaan B. van Rouveroy van Nieuwaal*, Berlijn / Münster / Londen: LIT, pp. 197-220.

van Binsbergen, Wim M.J., 1993b, 'Mukanda: Towards a history of circumcision rites in western Zambia, 18th-20th century', in: Chrétien, J.-P., met medewerking van C.-H.Perrot, G. Prunier & D. Raison-Jourde, red., *L'invention religieuse en Afrique: Histoire et religion en Afrique noire*, Parijs: Agence de Culture et de Coopération Technique / Karthala, pp. 49-103.

van Binsbergen, Wim M.J., 1994a, 'Minority language, ethnicity and the state in two African situations: The Nkoya of Zambia and the Kalanga of Botswana', in: Fardon, R., & Furniss, G., red., *African languages, development and the state*, Londen / New York: Routledge, pp. 142-188; op te nemen in: *Our drums are always on my mind*.

van Binsbergen, Wim M.J., 1994b, 'The Kazanga festival: Ethnicity as cultural mediation and transformation in Western Central Zambia', *African Studies*, 53, 2: 92-125.

van Binsbergen, Wim M.J., 1995, 'Aspects of democracy and democratisation in Zambia and Botswana: Exploring political culture at the grassroots', *Journal of Contemporary African Studies*, 13, 1: 3-33; herdrukt in: Young, T., ed., *Politics in Africa*, Londen: Currey, pp. 202-214.

van Binsbergen, Wim M.J., 1998, 'Globalization and virtuality: Analytical problems posed by the contemporary transformation of African societies', in: Meyer, B., & Geschiere, P.L., red., *Globalization and idenity: Dialectics of flow and closure*, Oxford: Blackwell, pp. 273-303. [met secties over het Kazangafeest van de Nkoya]

van Binsbergen, Wim M.J., 1999, 'Nkoya royal chiefs and the Kazanga Cultural Association in western central Zambia today: Resilience, decline, or folklorisation?', in: van Rouveroy van Nieuwaal, E.A.B., & van Dijk, R., red., *African chieftaincy in a new socio-political landscape*, Hamburg / Münster: LIT-Verlag, pp. 97-133.; ook in het Frans: van Binsbergen, Wim M.J., 2003, 'Les chefs royaux nkoya et l'Association culturelle Kazanga dans la Zambie du centre-ouest aujourd'hui: Résiliation, déclin ou folklorisation de la fonction du chef traditionnel?', in: Perrot, C.-H., *et al.*, red., *Le retour des rois*, Parijs: Karthala. 489-512.

van Binsbergen, Wim M.J., 2000, 'Sensus communis or sensus particularis? A social-science comment', in: Kimmerle, H., & Oosterling, H., 2000, red., *Sensus communis in multi- and intercultural perspective: On the possibility of common judgments in arts and politics*, Würzburg: Königshausen & Neumann, pp. 113-128 [over het schoonheidsgevoel bij de Nkoya]

van Binsbergen, Wim M.J., 2001, zie boven, p. 107.

van Binsbergen, Wim M.J., 2003a, 'Introduction: The dynamics of power and the rule of law in Africa and beyond: Theoretical perspectives on chiefs, the state, agency, customary law, and violence', in: van Binsbergen, Wim M.J..,met medewerking van Pelgrim, R., ed., *The dynamics of power and the rule of law: Essays on Africa and beyond: In honour of Emile Adriaan B. van Rouveroy van Nieuwaal*, Berlijn / Munster: LIT voor het Afrika-Studiecentrum, pp. 9-47. [bevat een theorie over vorsten in postkoloniaal Zambia]

van Binsbergen, Wim M.J., 2003b, zie 1993a.

van Binsbergen, Wim M.J., 2003c, zie 1999.

van Binsbergen, Wim M.J., 2003d, 'The leopard and the lion: An exploration of Nostratic and Bantu lexical continuity in the light of Kammerzell's hypothesis', at: http://shikanda.net/ancient_models/leopard_lion_nostratic_bantu_kamm erzell.pdf. [onder meer over het Nkoya wereldbeeld]

van Binsbergen, Wim M.J., 2003d, *Intercultural encounters: African and anthropological lessons towards a philosophy of interculturality*, Hamburg: LIT Verlag. [enige hoofdstukken handelen over de Nkoya]

van Binsbergen, Wim M.J., 2006, 'Photographic essay on the Manchester School', at: http://www.shikanda.net/ethnicity/illustrations_manch/manchest.htm .

van Binsbergen, Wim M.J., 2007b, 'Supervision and fieldwork trip to Indonesia, 1-14 August 2007', http://www.shikanda.net/topicalities/supervis.htm [vergelijking Nkoya / Java]

van Binsbergen, Wim M.J., 2008, 'Ideology of ethnicity in Central Africa', in:

Middleton, John M., with Joseph Miller, red, *New encyclopedia of Africa*, New York: Scribner's / Gale, pp. II, 319-328. [sterk gebaseerd op de Nkoya situatie]

van Binsbergen, Wim M.J., 2009a, *Expressions of traditional wisdom from Africa and beyond: An exploration in intercultural epistemology*, Brussels: Royal Academy of Overseas Sciences / Academie Royale des Sciences d'Outremer, Classes des Sciences morales et politiques, Mémoire in-8º, Nouvelle Série, Tome 53, fasc. 4. [sterk gebaseerd op de Nkoya situatie]

van Binsbergen, Wim M.J., 2009b, 'Giving birth to Fire: Evidence for a widespread cosmology revolving on an elemental transformative cycle, in Japan, throughout the Old World, and in the New World', paper presented at the Third Annual Meeting of the International Association for Comparative Mythology, Tokyo, Japan, 23-24 May 2009; zie ook http://www.shikanda.net/topicalities/paper_Japan_final.pdf [over Nkoya clans]

van Binsbergen, Wim M.J., 2010a, 'South East Asia and sub-Saharan Africa: Sunda before Bantu? African parallels to the Balinese fire dance? Transcontinental explorations inspired by an Africanist's recent trip to South East Asia', http://www.shikanda.net/topicalities/Borneo_Bali_2010_Tauchmann.pdf [sterk gebaseerd op de Nkoya situatie]

van Binsbergen, Wim M.J., 2010b, 'The continuity of African and Eurasian mythologies: General theoretical models, and detailed comparative discussion of the case of Nkoya mythology from Zambia, South Central Africa', in: van Binsbergen. Wim M.J., & Venbrux, Eric, red., *New Perspectives on Myth: Proceedings of the Second Annual Conference of the International Association for Comparative Mythology, Ravenstein (the Netherlands), 19-21 August, 2008*, Haarlem: Papers in Intercultural Philosophy and Transcontinental Comparative Studies, pp. 143-225.

van Binsbergen, Wim M.J., 2010c, 'The relevance of Buddhism and of continental South East Asia for the study of Asian-African transcontinental continuities: Reflections inspired by a recent trip to Thailand', http://www.shikanda.net/topicalities/Buddhist_Africa_Thailand.pdf [ten dele gebaseerd op de Nkoya situatie]

van Binsbergen, Wim M.J., 2010e, 'A reed-and-bee complex?': Excerpt from Wim van Binsbergen, "The continuity of African and Eurasian mythologies as seen from the perspective of the Nkoya people of Zambia, South Central Africa", 2nd Annual Conference International Association for Comparative Mythology, Ravenstein (the Netherlands), 19-21 August 2008', *i-Medjat: Papyrus 'electronique des Ankhou: Revue caribéenne pluridisciplinaire éditée par l'Unité de Recherche-Action Guadeloupe (UNIRAG)*, 5, septembre 2010: p. 7-8.

van Binsbergen, Wim M.J., 2010f, 'Short note on Kings as "tears of the Rain" and

Mankind as "tears of the Sun": Excerpt of "The case of kings as Tears of Rain (Nkoya, Zambia) / humankind as Tears of Re' (Ancient Egypt)", *i-Medjat: Papyrus 'electronique des Ankhou: Revue caribéenne pluridisciplinaire éditée par l'Unité de Recherche-Action Guadeloupe (UNIRAG)*, 4, février 2010: p. 7.

van Binsbergen, Wim M.J., 2011a, 'Human rights in the traditional legal system of the Nkoya people of Zambia', in: Abbink, Jan, & de Bruijn, Mirjam, red., *Land, law and politics in Africa: Mediating conflict and reshaping the state*, African Dynamics no. 10, Leiden / Boston: Brill, pp. 49-79; op te nemen in *Our drums are always on my mind.*

van Binsbergen, Wim M.J., 2011b, 'Shimmerings of the Rainbow Serpent: Towards the interpretation of crosshatching motifs in Palaeolithic art: Comparative mythological and archaeoastronomical explorations inspired by the incised Blombos red ochre block, South Africa, 70 ka BP, and Nkoya female puberty rites, 20th c. CE.', PDF, 70 pp., 4 tables, over 50 illustrations (originally written March 2006; greatly revised and expanded January 2011; draft version), at:
http://shikanda.net/ancient_models/crosshatching_FINAL.pdf

van Binsbergen, Wim M.J., 2012a, 'A note on the Oppenheimer-Tauchmann thesis on extensive South and South East Asian demographic and cultural impact on sub-Saharan Africa in pre- and protohistory', paper presented at the International Conference 'Rethinking Africa's transcontinental continuitiesin pre- and protohistory', African Studies Centre, Leiden, 12-13 April 2012, at:
http://www.shikanda.net/Rethinking_history_conference/wim_tauchmann.pdf [sterk geïnspireerd op de Nkoya situatie]

van Binsbergen, Wim M.J., 2012b, *Before the Presocratics: The cosmology of a transformative cycle of elements as a postulated proto-historic substrate in Africa, Eurasia and North America*, themanummer van *Quest: An African Journal of Philosophy / Revue Africaine de Philosophie, XXIV, 1-2* (2010) [onder meer analyse Nkoya clan-system en aantonen sterke Oosaziatische invloed aldaar]

van Binsbergen, Wim M.J., 2012c, 'Key note - Rethinking Africa's transcontinental continuities in pre- and protohistory', paper, International Conference 'Rethinking Africa's transcontinental continuitiesin pre- and protohistory', African Studies Centre, Leiden, 12-13 april 2012,
http://www.shikanda.net/Rethinking_history_conference/wim_keynote.pdf

van Binsbergen, Wim M.J., 2012d, 'Towards a pre- and proto-historic transcontinental maritime network: Africa's pre-modern Chinese connections in the light of a critical assessment of Gavin Menzies' work', voorlopige versie op: http://www.shikanda.net/topicalities/menzies_africa_final.pdf. [geïnspireerd door de Nkoya situatie en geschiedenis]

van Binsbergen, Wim M.J., 2012e, 'Production, class formation, and the penetration of capitalism in the Kaoma rural district, Zambia, 1800-1978', in: Panella, Cristiana, ed., *Lives in motion, indeed. Interdisciplinary perspectives on Social Change in Honour of Danielle de Lame*, Series "Studies in Social Sciences and Humanities", vol. 174, Tervuren: Royal Museum for Central Africa, pp. 223-272; op te nemen in *Our drums are always on my mind.*

van Binsbergen, Wim M.J., 2012f, 'The relevance of Buddhism and Hinduism for the study of Asian-African transcontinental continuities', paper, International Conference 'Rethinking Africa's transcontinental continuities in pre- and protohistory', Leiden, African Studies Centre, 12-13 april 2012, http://www.shikanda.net/Rethinking_history_conference/wim_leiden_2012.pdf

van Binsbergen, Wim M.J., 2012g, *Spiritualiteit, heelmaking en transcendentie: Een intercultureel-filosofisch onderzoek bij Plato, in Afrika, en in het Noordatlantisch gebied, vertrekkend vanuit Otto Duintjers Onuitputtelijk is de Waarheid*, Haarlem: Papers in Intercultural Studies and Transcontinental Comparative Studies.[bevat een hoofdstuk over transcendentie bij de Nkoya]

van Binsbergen, Wim M.J., ter perse (b), *From an African bestiary to universal science? Cluster analysis opens up a world-wide historical perspective on animal symbolism in divine attributes, divination sets, and in the naming of clans, constellations, zodiacs, and lunar mansions*, Papers in Intercultural Philosophy – Transcontinental Comparative Studies; eerdere versie, 2002, nu verouderd: http://shikanda.net/ancient_models/animal.htm [verkent Nkoya clannamen]

van Binsbergen, Wim M.J., in voorbereiding (b), *'Our drums are always on my mind': Nkoya culture, society and history, Zambia.*

van Binsbergen, Wim M.J., & Geschiere P.L., 1985b, 'Marxist theory and anthropological practice', in: van Binsbergen, Wim M.J., & Geschiere, P.L., red., *Old modes of production and capitalist encroachment*, Londen / Boston: Kegan Paul International, pp. 235-289. [bevat een lange sectie over Nkoya vorsten]

Appendix I. Complete gereconstrueerde genealogie van het dorp Mabombola in 1973

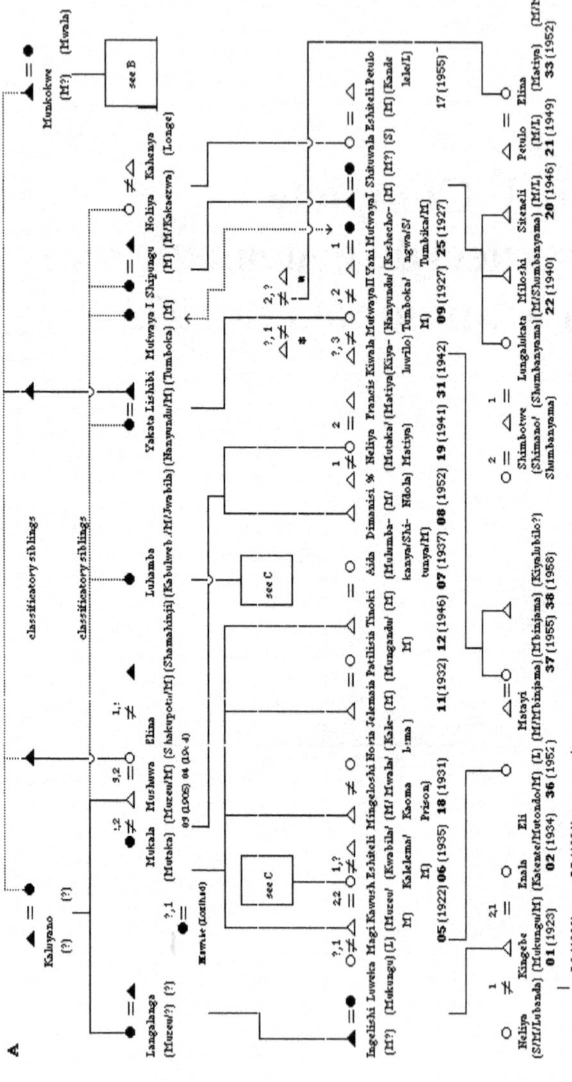
A
classificatory siblings
classificatory siblings
see B
see C
see C

LEGEND

20 (1961)   the bold figure gives the number of the individual in text discussion and in
village plan, followed by that person's approximate year of birth; between
parentheses

(Katete)   nouns between parentheses denote names of places of residence

/   moved to, i.e. changed village affiliation

21   a marriage ended in divorce; this was second marriage of the person to the
≠   left of the ≠ sign, and the first marriage of the person to the right of the sign

←···→   identical person

⌐ ̄ ̄ ̄¬   classificatory siblings, the precise genealogical link cannot be reconstructed
⌊_ _ _⌋

% former husband of Yanika, Hyonjolo
* former husband of Chiyamana, Hambungu; [sign. wife=hus.b]
$ former husband Mayuhangu, of Shikwe, Lukulu
# former husband Lovishi, of Hmacnza, Lovna

┌─────┐
│ see D │
└─────┘

the topographical information in these genealogies is simplified, notably:

—   places of migrant work in the past are not indicated

—   women's places of marital residence are not specifically indicated; see places of
residence of their respective successive husbands as indicated

H   Mabombola (Kingofu)

S   Shikwesha

L   Lusaka

B

see A

Munkokwe (H?) = ● [Mwala]

Layisi Maria = ○ (H) (S?/Yosamu)

Berta (Shamayanda) ● = ?,1

Katamakwe (Mubobu) ○ ≠ 2,?

Yamichi (Shayama) ● = 4,? (S?)

Yosamu* (H/Mwala/ S?/ Yosamu) 32 (1929) ≠

Esimelo (Koonde-hwala/ Mwala/ Yosamu/ L) 23 (1933) ▲ = ○

Pawulo (H/ Mwala/ nkola) ▲ = ○

Eshinati (Kasha-nkola)

Eshinati (H/ Mwala/ Shabizi) 34 (1935) ○ = ▲

Shebele Andson (Shabizi) (H/ Hwala/ L) 35 (1938) ▲ = ○

(Koonde-Hwala/ Inali/ L)

LEGEND

20 (1961)   the bold figure gives the number of the individual in text discussion and in village plan, followed by the person's approximate year of birth between parentheses

(Katente)   nouns between parentheses denote names of places of residence

/   moved to, i.e. changed village affiliation

21   a marriage ended in divorce; this was second marriage of the person to the

≠   left of the ≠ sign, and the first marriage of the person to the right of the sign

←·····→   identical person

[ ]   classificatory siblings, the precise genealogical link cannot be reconstructed

the topographical information in these genealogies is simplified, notably:

—   places of migrant work in the past are not indicated

—   woman's places of marital residence are not specifically indicated; see places of residence of their respective successive husbands as indicated

H   Habombola (Kingebe)

S   Shikwasha

L   Lusaka

C

Kshangu Shipungu
(Shipungu)

(Shipungu)

see A

(Shipungu)

(Korobila)

(Shipungu)

Kangumanyana
(Shipungu/Korobila/Shumbasyama/Korobila)

Lohamba
(Kabubwbuluw/M/Korobila) (?)

Tumbota Yalama
(Shipungu/Korobila)

(Shipungu/Korobila)

Wakutikita
(Wahila)

Noliya
(Korobila)

Kikwo

?,2 (Shipungu)

?,?

Kamhita
(Wahila)

Mulojo
(Korobila)

Mataka
(Shipungu/M)
10 (1920)

Edwin
(Chiyanama)(Korobila/
M)
26 (1948)

Kasheba
(Korobila/
M)
27 (1951)

Patibiki
(Korobila/M)

Shipungu/M)
30 (1949)

Kawush
Omzewl
(Korobila/
M)
05 (1922)

Eshledi
(Kaldema/
M)
06 (1935)

1,?

see A

Shahbila
(Korobila/M)
28 (1962)

Kilihni
(Kanete/Korobila)

Mukwakwa
(Shipungu/Korobila/M)
29 (1909)

Gilihsri
(Korobila/M
16 (1961)

Losimali Episooi Maria
(Mwala) (M/ (Korobila/
      Tumbita/M) M)
13 (1947) 14 (1953)

1   2

see D

121

LEGEND

20 (1961) the bold figure gives the number of the individual in text discussion and in village plan, followed by that person's approximate year of birth between parentheses

(Katente) nouns between parentheses denote names of places of residence

, moved to, i.e. changed village affiliation

21 a marriage ended in divorce; this was second marriage of the person to the left of the ≠ sign, and the first marriage of the person to the right of the sign

≠

⟷ identical person

⌐ ⌐ ⌐ ⌐ classificatory siblings, the precise genealogical link cannot be reconstructed

the topographical information in these genealogies is simplified, notably:

– places of migrant work in the past are not indicated

– women's places of marital residence are not specifically indicated; see places of residence of their respective successive husbands as indicated

M Mahomboh (Kingche)

S Shikwasha

L Lusaka

122

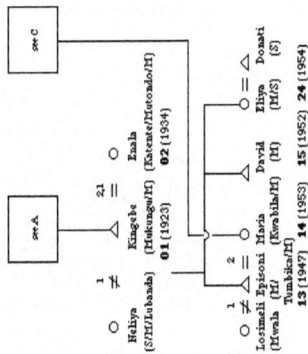

LEGEND

20 (1961) the bold figure gives the number of the individual in text discussion and in village plan, followed by that person's approximate year of birth between parentheses

(Katenke) nouns between parentheses denote names of places of residence

/ moved to, i.e. changed village affiliation

21 a marriage ended in divorce; this was second marriage of the person to the left of the ≠ sign, and the first marriage of the person to the right of the sign

↔ identical person

⌐¬ classificatory siblings, the precise genealogical link cannot be reconstructed

the topographical information in these genealogies is simplified, notably:

— places of migrant work in the past are not indicated

— women's places of marital residence are not specifically indicated; see places of residence of their respective successive husbands as indicated

M Mukomboh (Kingebe)

S Shikwasha

L Lusaka

D

Appendix II. Genealogie van het dorp Mukwakwa met aanvullende aantekeningen

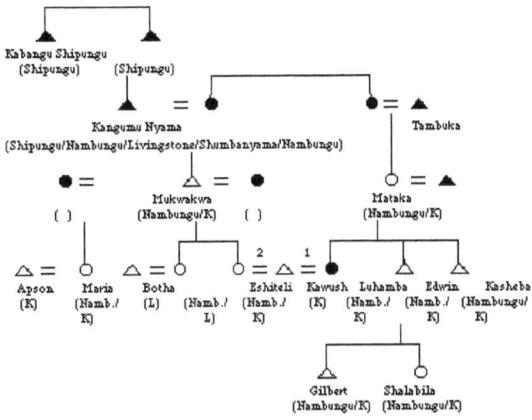

Verklaring van informant / onderzoeksassistent Dennis Shiyowe, 1 December 1973:

> 'All these people are now staying in Nkingēbe [d.w.z. het dorp Mabombola] and want soon to make a new village, Mukwakwa. They all followed the wife of Kawush. After Mukwakwa stayed there a year (1969-1970), Maria married Apson. There are also others who still stay in Nam-

bungu (where rest came from) and who will come when Mukwakwa makes his village. The grandfather of Mukwakwa looked after all these people, he was the brother of Shipungu. When he died, Mukwakwa wrote a letter to Shipungu in Kabanga, saying: "Your family is suffering". Shipungu Kabangu collected all these people. Some stayed behind in Nambungu. They also stayed for some time with Shiyowe[37] in Shumbanyama; Shiyowe and Mukwakwa are [classificatory] brothers. Then in 1964 Shipungu Kabangu died; his brother was Kangumunyama, the father of Mataka. Nyama went to marry in Nambungu and then to Livingstone. He liked Nambungu very much and made a farm there. He rallied the whole family. At present, these people cannot stay in Nambungu, because everybody is dead: Mukwakwa could not stay there alone. Kangumunyama was the person who led all these people. He went to Nambungu as early as c. 1920.'

---

37 D.w.z. Shimbwende, de biologische (en sociale) vader van de spreker; Shimbwende was destijds – 1973 – het dorpshoofd van Shumbanyama. Hij overleed in 1995, en werd toen opgevolgd door de spreker.

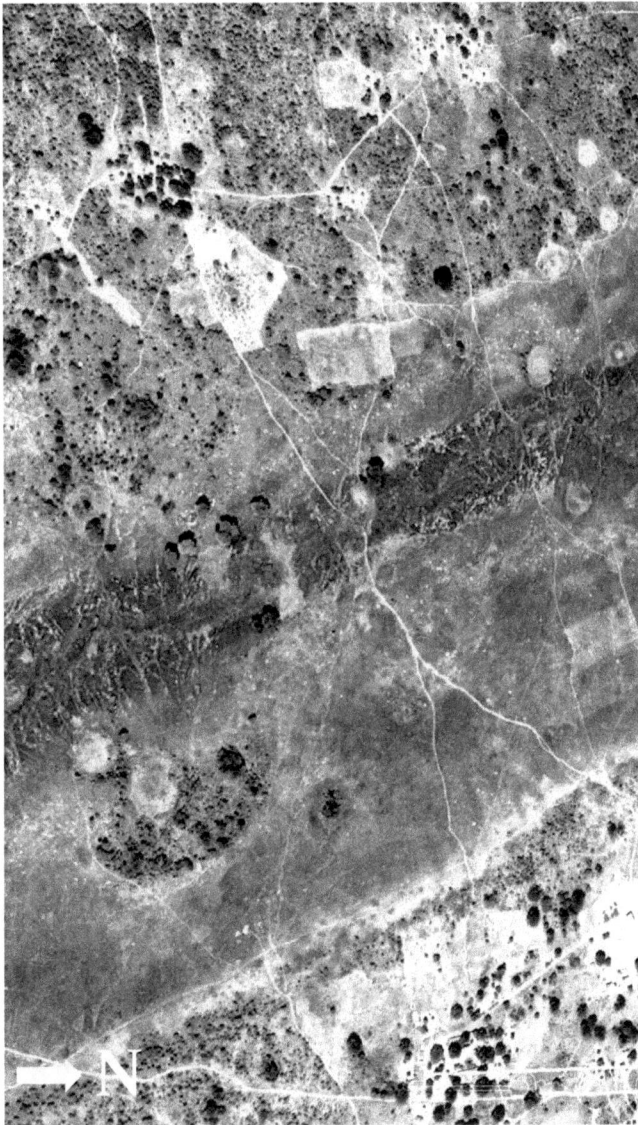

Fig. 15. Het dorp Mabombola (linksboven; 15° 02' 26,30" Z, 25° 14' 46,05" O) gescheiden van het vorstenhof van *Mwene* Kahare (rechtsonder) door de (vrijwel droge) bedding van de Njonjolo, november 2003 (Google Earth)

Register

boektitels, groepsnamen etc. zijn onder hun eerste woord gealfabetiseerd.
Achternamen met tussenvoegsel ('de', 'van' etc.) onder dat tussenvoegsel. Auteurs
aangehaald in hoofdtekst of voetnoten zijn eveneens in dit register opgenomen.
Nk. = Nkoya

aanverwantschap, 20, 23, 33,
55, 65, 69, 75, 77-78, 87, 91,
95, 101; terminologie, 87;
vgl. verwantschap
affina(a)l(e), zie
aanverwantschap
Afrika(an)(s), 6, 8, 15-18, 29,
31, 34-35, 41, 79, 81, 87, 98,
17n, 27n, 52n, 79n; – bezui-
den de Sahara, 15-16; Centraal – , 25n; Zuidelijk Centraal – , 16-18, 34-35, 27n,
52n, 79n, 134n; Zuidelijk
Centraal en Zuidelijk – , 35;
Zuidelijk – , 87; Zuid-
Afrika, zie aldaar; West- –
52n
Afrika-onderzoek, Afrikanis-
tiek, Afrikanistisch, 5-6, 8,
17n; Nederlands – , 5
Afrika-Studiecentrum,
Leiden, 6-7, 37n
agnaten, agnatisch, verwanten in de mannelijke lijn,
54, 98

Aida, 81
Alexander, Ray, 17n
alternatieven, residentiële,
en t.a.v. dorpslidmaat-
schap, 30, 87-88, 90, en zie
optionaliteit
ambilineal, waarbij afstamming zowel in de
mannelijke als in de
vrouwelijke lijn geteld
wordt; vgl. bilateraal
Amerika, 79; Zuid- –, noord-
oostelijk, 52n; vgl. Nieuwe
Wereld, Verenigde Staten
van –
Amsterdam, 6
Andson, 73, 83
Angola, 26-27, 98
Anoniem (bron over Nkoya
taal), 25n
antropologie en haar beoefe-
naars, 5-8, 15-18, 50, 17n,
20n, 22n, 26n, 52n; vgl.
Manchester, Köbben,
Evans-Pritchard, Jong-

mans, Fortes, Radcliffe-
Brown, Gluckman, van der
Veen, enz.
Apson, 125
arbeidsmigranten, zie trekarbeid
Atlantische Oceaan, 27n;
trans-Atlantische slaven-
handel, 52n; vgl. slavernij
Azië, Zuid- –, belangrijke
invloed op Nkoya cultuur
en koninschap, 67, 54n;
Zuid-Oost- – , 27n

B, 'broeder'
bafwala, Nk.: kruisneven, 21
bakonzo, Nk. parallelneven,
siblings, 21, 53
Barnes, John, 15n
Barotse, Barotseland, 26, 29,
62, 26n; koning van – , 62;
vgl. Lozi, Litunga
Barotse Agreement, regelde
de status van Barotseland
bij de Onafhankelijkheid

van Zambia (1964), 29
bashenge, Nk. 'niet-verwanten', 'anderen', 52
bayeni, zie muyeni
Bates, Robert, 36n
begraafplaats, 67; begrafenis, 29, 64
Bijbel, 7, 54n
Bijen, clan, 64; vgl. Rookclan
bilateraal, term voor een verwantschapssysteem dat hetzelfde gewicht geeft aan mannelijke en vrouwelijke afstamming, 31, 33, 52, 56, 60, 63, 25n
binding aan de grond, 32, 66
boerderij, als nieuwe productiewijze, 76-77
Bohannan, L., 15n
Bond, George, 16n
Botswana, stedelijk, 6
Brit(s(e)), zie Groot-Brittanië
broer, primaire verwantschapsrelatie, 6, 21, 50-51, 57, 60, 71-73, 75-77, 94; zie ook sibling, zuster, yaya, mpanza, mukonzo
Brown, Robert, vroeg-19e-eeuwse bioloog, 20n; Brownse beweging, 20
bruidgever, bruidnemer, bruidsprijs, zie huwelijk
BS, 'broederszoon', 62
Buik, Grote - , 53, 57-58, 60-62; Kleine - , 53, 57-58, 60-62, 82; Grote - en Kleine - , 58, 52n
bunkaka, Nk. 'grootouderschap, clan-relatie, schertsrelatie', 21
buzukulu, Nk. complementaire tegenhanger van bunkaka, zie aldaar

C(h)itawala, zie Watchtower
Central Statistical Office, Lusaka, Zambia, 25, 94, 25n
Christendom, Christen, Christelijk, 79, 81; - zending, 24; vgl. Bijbel, Watchtower, South Africa General Mission, Evangelical Church, New Apostolic Church
clan, 21, 54-55, 63-64, 66, 96-98; - -exogamie, 63; - -endogamie, 63; - -hoofd, 63; - -lidmaatschap, 21, 65; - -relaties, 65; - -paren, en schertsrelatie, 64, vgl. schertsrelatie
classificatorisch(e), type verwantschapssysteem waarin grote verzamelingen mensen onder dezelfde verwantschappelijke categorie worden samengebracht ongeacht hun preciese biologische verwantschap, 21, 30, 50-52, 57-58, 60, 63-65, 71, 75-77, 86-87, 97, 52n; - broer / sibling, 57, 60, 71, 76, 97, en specifiek in de Grote Buik, 57; - ZD, 75
Clay, G.C., 46
cognate, verwanten in de moederlijke lijn, 54
Colson, Elizabeth, 18, 15n-16n
Columbus, C., 27n
communisme, 17n
concatenatie, 24, 96, 98; zie ook huwelijkssysteem
concubinage, 85
conflict, 16, 24, 35-37, 41, 64
connubium, vaste huwelijksrelatie tussen groepen, die zich voortzet over generaties, 95-96, 99
Crehan, Kate, 15n
cross cousin, zie kruisneef
Cross, Sholto, 79-80, 79n
Cunnison, I., 65

dans, 20, 31, 40, 44, 36n; dansplaats, 39, 43; en offer, 37
David, 72, 78
DH, 'dochtersechtgenoot, schoonzoon', 86
Dimanisi, 61, 73, 82
district, 6, 18-19, 28, 45-46, 77, 27n, 36n, 63; 67n; - soverheid, 46; -scentrum, 46, 73, 97; en vorstenhof, 46; -scentrum Kaoma, 73
Djuka, etnische groep in Suriname, 52n
dorp, dorpeling, vooral in Njonjolo vallei, 65, 79, 86, 90, 96, 19n, 27n, 66n, 68n, 75n, 77n en passim; van herkomst, 68; - -identiteit, 33;- -'leden', liever dan - - 'bewoners', 30, 33 (in de stad verblijvend), 35, 38, 63, 65, 77, 80-81, 94, zie hierbij 'ideëel dorp', 'fysiek dorp'; fysiek dorp als onvolkomen operationele definitie van ideëel dorp, 88-89; - -affiliatie, 61, 72, 83; -scensus, 6, 18; - conflict, -crisis, 36, 41; - sendogamie, 23, 89-90, en vallei-endogamie, 96; - sheiligdom, 37, 42-43; - shoofd(schap), 29, 33-36, 45, 60-63, 68, 72, 77-78, 80-81, 100, 126n, 46n. leiderschap, Mwene, Wene; -snaam, 69, 93; -sregister, 21, 29, 73-74; - en stadswijk, 7; zie fysiek dorp, ideëel dorp
Duitsland, Duitser, Duits, 17n

echtscheiding, 60-61, 69, 74-75, 86-87; -sfrequentie, 86; -en aanverwantschap, 23; vgl. huwelijk
Edward Shelonga, pseudoniem van de protagonist in een medisch-antropologische case study over de Nkoya, 90, 52n
Edwin, 77-78, 81
Eli, 82
Elina, 75, 81-82, 95
elite, Nkoya, stedelijke, 36n
Eliya, 72, 82, 95
emic, 22, 22n (definitie), 39, 54; vgl. etic
Enala, 80
endogamie, trouwen binnen de groep, 23; vallei- -, 95-96, en vallei-exogamie, 90, 92; dorps- -, zie dorp; vgl. exogamie
Engels, Engelsman, Engels-

talig, zie Groot-Brittanië
Épisoni, 72, 76, 78, 81
Epstein, Bill, 15n
erfgena(a)m(e), 29, 38-41, 44,
  89, 94, 97; *vgl. ushwana*
Éshinati, 73, 83
Éshiteli (17), 74, 81
Éshiteli Mulodja (06),
  echtgenote van Kawush,
  69, 76-78, 99
etic, 22 (definitie); *vgl. emic*
etniciteit, etnisch, 15, 18-19,
  36, 52, 26n, 68n; *vgl.* afzonderlijke etnische groepen
Europa, Europeaan, Euro-
  pees, 7, 68; West- -, 31-32
Evangelical Church of Zambia, 81
Evans-Pritchard, E.E., 15n
exogamie, trouwen buiten de
  groep, vallei- - , 89-92;
  dorps- -, zie dorp; *vgl.*
  endogamie, huwelijk

F, 'vader', 87
Faculteit der Sociale Weten-
  schappen, Universiteit Lei-
  den, 6, 37n
farm, zie boerderij
FB, 'vadersbroeder', 60
Ferguson, J., 36n
Fields, Karin, 79n
fiets, 23, 29
FM, 'vadersmoeder', 73
Forde, Daryll, 15n
Fortes, Meyer, 15n
Fortune, G., 25n
Francis, 95
fysiek dorp, 22-23, 24, 26, 30-
  31, 33-34, 37-38, 63, 68, 75,
  81-82, 88-89, 100; en ideëel
  dorp, 31; zie ook dorp,
  ideëel dorp
FZS, 'vaderszuszoon', 100

gehechtheid aan de grond,
  zie binding
genealogie, genealogisch, 6,
  17-19, 21, 30, 32, 48, 50, 52-
  58, 60, 62, 65, 69, 71, 74, 78,
  83, 90, 98-99, 101, 117, 125; -
  van Mabombola, 32, 48, 60,
  74, 78, 98, 117; van
  Mukwakwa, 125; - kennis,

21, 52, 56, 60; -manipulatie,
  55-56, 60, 62
geografisch(e), herkomst, 21,
  68-69, 89-90; - nabijheid,
  23, 32, 72-73, 96-98
gerechtshof, plaatselijke, 34;
  - van de vallei, 34
Gewald, Jan-Bart, 17n
Gílibati, 77
globalisering, 8, 17n, 34n
Gluckman, H.Max, 16, 18, 34,
  67, 15n, 17n, 34n; *vgl.* Manchester School
Gluckman, Tim, 17n
Google Earth, 127
Greschat, H.J., 79n
grond, zie binding, land; *vgl.*
  matapa, Tribal Trustland
Groot-Brittanië, 5, 7-8, 16, 53-
  54, 56, 26n; *vgl. Pax Brittanica*
Guinee-Bissau, 52n
Gutkind, P.C.W., 15n

H, 'echtgenoot'
Hailu, Kassa, 67n
Harris, M., 22n
Headland, T.N., 22n
heiligdom, 41-42
hekserij, hekserij-beschuldigingen, 20, 31-35, 38-39, 41,
  69, 76, 79; en dorpshoofd,
  33; historisch en lokaal,
  niet *perse* door globalisering en kapitalisme, 34n
Hodges, T., 79n
Hooker, J.R., 79n
huwelijk(ssysteem), 7-8, 23-
  24, 31, 33-34, 50, 69, 72-78,
  82-83, 85-91, 94-98, 100,
  52n, 89n, 93n-94n; bruid,
  69, 75, 91-93; bruidegom,
  75; bruidgevers, 30, 33, 91;
  bruidnemers, 30, 33, 91;
  ingehuwde vrouwen, 68-
  69, 73, 75, 77, 79;
  uitgehuwde vrouwen, 80,
  82; bruidsdiensten, 85; - -
  sbetalingen, bruidsprijs,
  85-87, 97; - -carrière, 86; -
  -domein, 90; - -kandida-
  ten, 95; - -netwerk, 98, 101;
  - -spartners, 21, 23, 88,
  66n; - -spatroon, - -

relaties, - systeem, 18, 23,
  56, 65-66, 82, 85, 88, 90-91,
  94, 96-98, 100, en specifiek
  van Mabombola 65, 94, 96,
  en in Lusaka, 18; - -
  ssluiting, 30, 33; herhaalde,
  97, *vgl.* connubium,
  concatenatie; uitgehuwde
  vrouwen, 72-73, 80-82; - -
  sontbinding, zie
  echtscheiding; *vgl.*
  endogamie, exogamie,
  weduwe, weduwnaar,
  echtscheiding, polygynie,
  uxorilocaal, virilocaal

ideëel dorp, 22-24, 30-34, 37-
  38, 69, 82, 88-89, 95, 100;
  Mabombola als - , 71, 81-
  82; en *Watchtower*, 81; - en
  fysiek dorp, 30
Ila, etnische groep in Cen-
  traal Zambia, 27, 26n, 134n
Independence, zie
  Onafhankelijkheid
Indirect Rule, 26
Ingelishi, 61, 72
Institute for African Studies,
  University of Zambia, 6, 18
Institute for Social and Eco-
  nomic Studies, University
  of Zambia, 18
Internet, 7
intraruraal, 'binnen het
  platteland', 32

Jacobsohn, P., 97n
Jaeger, Dick, 16n
Jelemaia, 72
Jongmans, Douwe, 6, 15n
Joni, 75, 82
junior status, in verwant-
  schapsrelaties, 53-55, 61-63,
  80-81, 83, 60 n; *vgl.* Buik,
  senior

Kabambi, *Mwene* Kahare, 6,
  46, 66, 68; *vgl.* Kahare
Kabanga, rivier en vallei, 69,
  77, 93, 126
Kabangu, 77, 126
Kabimba, 65
Kabulwebulwe, *Mwene*, 46,
  27n

Kachechongwa, rivier en vallei, 75
kadaster, kadastraal, 68
Kafue National Park, 67, 27n
Kafue, rivier en vallei, 67, 27n
Kahare, koninklijke titel, 6, 18-19, 45-46, 62, 65-66, 68, 76-78, 98, 127, 27n, 66n; cliënt van – , 98; – -titel, 62, 66; Kambotwe, 98; *vgl.* Kabambi, Timuna, Shamamano, Kambotwe
Kakaezwa, 74, 93
Kakumbi, 93
Kalale, rivier en vallei, 93
Kale, clannaam en bijnaam van de Kahare-titel, 98
kaleidoscopisch(e), eigenschap van Nkoya sociale organisatie, 16, 22, 55, 61, 65, 83
Kalelema, 39-40, 42-44, 69, 76, 93-94, 96-97, 99; zie ook Shushewele
Kaluyano, 72; – -tak, 61
Kamangango, 69, 93
Kambotwe, 76, 98; – -titel, 66; zie ook Kahare
Kaminumino, 66
Kandelele, 74, 93
Kangumunyama, 76, 78, 126
Kanyembo, clan, 98
Kaoma, district en zijn hoofdplaats, 4, 6, 18-19, 27-28, 45, 73, 27n, 36n, 67n; oostelijk – , 6, 27-28, 78; – , westelijk, 78
Kaonde, etnische groep, 26n
Kapferer, Bruce, 18
kapitalisme, kapitalistische, 79, 17n, 34n, 67n-68n; – penetratie in Nkoyaland, 76; – -productieverhoudingen, 8
Kasheba, 77-78
Kashoki, Mubanga E., 25n
Kawoma, persoonsnaam, 58n
Kawush, 69, 72, 76, 81, 99, 125
Kay, G., 15n
Kazanga-feest, 20n
Kazanga Cultural Association, 7, 36n
Kazo, rivier en vallei, 4, 6, 19,

62, 67, 75, 90, 93-94, 101, 88n
keuze(mogelijkheden), binnen Nkoya sociale organisatie, 8, 31, 33-34, 63-64, 83; *vgl.* optionaliteit
Kikambo, 66, 99-100, 66n
kind(eren), 38, 44, 53, 57, 60-61, 63-64, 72-73, 75, 77, 80, 82, 86-87, 97, 19n-20n, 77n; kindersterfte, 31; *vgl. mwana*, ouders
kinship, zie (aan)verwantschap
Kitawala, zie *Watchtower*
Kiyalubilo, 75, 93
kleinkindschap, 21, 64; *vgl. bunkaka, buzukulu*
Köbben, André, 7, 15n, 52n
koning(schap), 16, 54-55, 62, 67, 76, 98; – -sgraven, 67; *vgl.* Kahare, Mutondo, Litunga, Lubosi
kruisneef, 21, 50-51, 60-61; *vgl.* neef, parallelneef, sibling
Kwabila, 66, 69, 75-78, 81, 93-94, 99-100, 77n; – -tak, 23, 77, 99; in Mabombola, 99

Lalafuta, rivier en vallei, 69, 93-94
Lamba, etnische groep, 66n
Lancaster, Chet, 15n
land, 67-68; zie ook binding; *vgl. Litunga*
Langalanga, 60-61, 71-72, 74-75, 78, 90, 99
Lavwe, clan, 66
Layisi, 73
Leiden, 6-7, 37n
leiderschap en verwantschapspolitiek op dorpsniveau, 16, 18, 62, 83; – -aspiraties, 35, 81
Lemvu, 50, 69
Lewanika, see Lubosi
likelihood ratio test, 90, 90n
lizina, jizina, Nk. 'naam', zie aldaar
Likota lya Bankoya (Shimunika / van Binsbergen), 53-56, 54n
Line of Rail, Centraal Zambia

met een keten van steden langs de spoorweg, 35, 68, 73
Lishibi, 90
Litunga, 'Land', Lozi koningstitel, 62, 67
Livingstone, stad, voormalige hoofdstad van Noord-Rhodesië, 16, 46, 76, 126
Livumo lya Lyinene, zie Buik, Grote
Livumo lya Lyishe, zie Buik, Kleine
liziko, Nk. 'tak, sociaal-organisatorische cluster', 54
Long, Norman, 80, 16n, 79n
Longe, rivier en vallei, 74, 93
Lozi, etnische groep en taal, 26, 35, 67, 76, 25n-26n; Loziland, 93; zie ook Barotseland, Luyana, *Litunga*
l-toets, l'-toets, zie *likelihood ratio test*
Luampa, rivier en vallei, 50, 98-99
Lubanda, rivier en vallei, 72
Lubosi Lewanika, *Litunga* / Lozi Koning, 62, 76; *vgl.* Barotse, Shamamano
Luena, rivier en vallei, 93
Luig, Ute, 16n
Luhamba, 60, 78
Lunda, zie Ndembu
Lungalukata, 75, 82, 100
Lusaka, hoofdstad van Noord-Rhodesië / Zambia, 16, 18, 73-75, 94; Lusaka–Barotseland, wegverbinding, 46
Luweka, 72
Luyana, hoftaal van Loziland, 67

M, 'moeder', zie aldaar
Mabombola, 4, 19, 21-24, 32, 41, 45, 47-48, 50, 56, 60-62, 65-69, 71-83, 85, 88-96, 98-101, 117, 125, 127, 19n-20n, 66n, 75n, 77n, 88n, en *passim*; Watchtower-identiteit van – , 79; *Mwene*, 61
Malawi, 16, 18
Manchester, Verenigd

Koninkrijk, 7, 16-18, 17n; –
School, 7, 16-18, 17n
manda, Nk,: 'moeder', zie
aldaar
Manenga, Mwene, 56, 93
Mangango, rivier en vallei, 19
manipulatie, vooral genealogische, 32, 37, 55-56, 60, 62,
22n
Manjacos, etnische group in
Guinee-Bissau, 52n
Maria, 73, 76-78, 81, 125
Marwick, M., 34, 34n
Marxisme, 17n; vgl.
productie, kapitalisme
Mataka, 77-78, 81, 126
matapa, natte tuin, 67
Matayi, 75, 82
Matheny, Jr., A.P., 97n
Matiya, 24, 73, 75, 81, 93, 95-
96, 98-99
matrilateraal, bijv. nw. bij
het rekenen van
afstamming in de
moederlijke lijn
matrilineal belt, in Centraal
Afrika, 25n
matri-segment, verwant-
schappelijke tak in de
vrouwelijke lijn, 54
Mayowe, Dr Stanford, 67
MB, 'moedersbroeder', 65, 69
MBD, 'moedersbroeders-
dochter', 86
Mbinjama, 66, 75, 93, 99
MBS, 'moedersbroeders-
zoon', 86
Mbundu, etnische groep in
Angola, ook Ovimbundu,
98, 26n
methode, methodologie, 17,
19, 28, 45, 50, 88, 17n
migratie, migrant, met name
tussen platteland en stad,
18, 24, 27, 36, 39, 63, 67-69,
83, 98, 68n; – -arbeid, zie
trekarbeid; –, intra-ruraal,
27, 68-69, 98, 68n
Miloshi, 75, 83
Mingeloshi, 65, 72-73, 83
Mitchell, J. Clyde, 18, 15n, 17n
Mitobo, 93
MMS, 'moedersmoeders-
zoon, oom', 77

mobiliteit, 20 e.v., 25 e.v., 68-
69, 68n-69n, en zie vestiging, huwelijk, migratie
moeder, primaire
verwantschapsrelatie, 53
Mpande, rivier en vallei, 93-
94
mpanza, Nk. 'zuster, sibling',
51
Mpelama, 65
Muchati, 58n
mufwala, Nk. 'kruisneef ',51,
60, 86
Mufwaya, 50, 75, 81, 89
mukonzo, Nk. 'jongere
sibling', 51, 57
Mukotoka, 65
Mukungu, 72, 93, 96
Mukwakwa, 62, 76-78, 80,
125-126
Mulambwa, 93
Mulawo, 78
Mulimba, Mwene, 62; – -titel,
62
Mulodja, 69, 76
Mumba, Mwene, koninklijk
Nkoya volkshoofd nabij de
stad Livingstone, 46
Mumbwa, district en zijn
hoofdplaats, 46, 27n
Mungandu, 93
Munkokwe, 61, 73, 81
Munkombwe, 93
Munkuye, rivier en vallei, 69,
93
munzi, Nk. 'dorp', 26
mushindi, Nk. 'rivier, vallei',
29
Mushuwa, 23, 61, 72-74, 78,
80-81, 90
Mutaka, 69, 73, 93
Mutondo, Mwene, koninklijk
Nkoya volkshoofd in
Kaomadistrict, 54, 78, 93,
27n
muyeni, mv. bayeni, Nk.,
'bezoeker, niet-verwante
kennis', 77
Muzeu, rivier en vallei, 50, 71
muziek, 37; – -feest, 40; vgl.
dans
muzukulu, Nk. 'kleinkind',
64
Mwala, 65, 73, 93-94, 96-97

mwana, Nk. 'kind, zoon,
dochter',[38] 53
Mwanamwene, Nk.
'vorstenkind', 6
Mwene, de Heer Hamba H.,
54
Mwene, mv. Myene, Nk.
'heer, dorpshoofd, vorst,
koning', 6, 18-19, 45-46, 56,
61-62, 66, 68, 76-77, 98,
27n, 66n; zie ook onder
afzonderlijke Myene
MZ, 'moederszuster', 60

naam, 38, 56-57, 69, 75n; vgl.
ushwana, titel, ideëel dorp,
hekserij
Nambungu, 126
Namibia, 17n
Namwala, district en zijn
hoofdplaats, 77, 81
Ndembu Lunda, etnische
groep in Noord-West Zam-
bia, 18
Ndola, stad, 73
Nederland(s), Nederlander,
5-6, 8, 19, 74, 26n
Nederlandse Wetenschaps-
Organisatie NWO, 7
neef, 21, 51, 53, 55, 60; vgl.
parallelneef, kruisneef
Neli, 100
Neliya, 61, 73, 81-82, 95
Nelson-Richards, M., 67n
neo-traditioneel leiderschap,
26, 35, 45, 97; vgl. Mwene,
Barotse, Litunga
New Apostolic Church, 81
nicht, zie neef
Nieuwe Wereld, Noord- en
Zuid-Amerika, 27n; vgl.
Amerika
Njonjolo, rivier en vallei, 4,
6, 19, 21, 23-24, 39-40, 42-
46, 49-50, 65, 67-68, 72, 75,
77, 79-81, 90-94, 96-98, 101,

[38] De Nkoya-taal kent geen
geslacht, zodat vele verwantschapstermen zowel vrouwelijke als mannelijke betekenis
hebben.

127, 20n, 77n, 88n
nkaka, Nk. 'grootouder, lid van complementaire clan waarmee schetsrelatie', 64-65
Nkeyema Agricultural Scheme, 28, 67, 68n
Nkingebe, naam van dorpshoofd van Mabombola, zie ook aldaar, 45, 56, 61, 72, 76, 78, 80, 125
Nkonde, clan, 66
Nkoya, etnische groep en taal in Westelijk Zambia, 5-8, 18-23, 25-26, 28-39, 41, 45-46, 50-65, 67-68, 71-72, 74, 76, 79, 82-83, 85-88, 94-97, 100, 25n-27n, 34n, 36n-37n, 52n, 66n, 68n, 88n, 134n, en *passim*; in Kaoma-district, 27n; Nkoyaland, 29, 76, 78, 101, 27n; – dorp, 21-22, 32, 35, 61, en zie: dorp; – huwelijkssysteem, 23, 34, 85, 96-97, en zie: huwelijk; – verwantschapssysteem, 50, 57, en zie: verwantschap; *vgl.* Mutondo, Kahare, Momba, Kabulwebulwe, Kazanga Cultural Society, etc.
Noliya, 61, 74, 78
Noord-Rhodesië, koloniale naam van Zambia, 79, 17n; steden, 16, 76
Ntanyela, 62; *vgl.* Kleine Buik
NWO, zie: Nederlandse Wetenschaps-Organisatie
Nyama, zie Kangumunyama
Nyango, rivier en vallei, 93-94
Nyasaland, zie Malawi
Nyembo, clan, 65-66

Oceaan, zie Atlantische – , Stille –
offer, 37; – -gaven, 42; zie ook heiligdom
Onafhankelijkheid, van Zambia, 29, 86; – van Afrika, 17n
optionaliteit, 23-24, 32, 55, 65, 83, 88; – van dorpslidmaatschap, 63; –

van clanlidmaatschap, 63; *vgl.* keuze, alternatief
ouder(schap), 21, 31-32, 38, 41, 50-51, 60, 63-65, 87, 89-90, 52n; *vgl.* kind
Our Drums Are Always On My Mind (van Binsbergen), 8, 25n, 27n

parallel cousin, zie parallelneef / -nicht, *mufwala*
parallelneef / -nicht, 21, 50-51, 53, 60-61, 71, 73; – en kruisneef, 50-51, 61; als *siblings*, 60; *vgl.* neef
Pátiliki, 23, 77-78, 81
patrilateraal, bijv. nw. bij het rekenen van afstamming in de vaderlijke lijn
Pawulo, 73, 83
Pax Brittanica, 76
perpetual kinship, 'eeuwige verwantschap', namelijk in de zin dat de incumbent van een bepaalde positie binnen het systeem van sociale en politieke organisatie steeds beschouwd wordt in een specifieke verwantschapsrelatie te staan tot de bekleder van een bepaalde andere positie, 65
Pieter de la Courtgebouw, Faculteit der Sociale Wetenschappen, Universiteit Leiden. 6, 37n
Pike, K.L., 22n
Poewe, Carla, 15n
polygamie, 80
polygynie, 86
Pottier, Johan, 36n
productie, – -verhouding), 8, 17, 23, 33, 63, 79; – -tak, 27, 27n; – -wijze, specifiek bij de Nkoya, 27, 27n; *vgl.* boerderij

Radcliffe-Brown, A.R., 15n
Republiek Zambia, zie Zambia
residentie(el), zie vestiging
Rhodes-Livingstone Institute, 16, 18, 17n

Richards, Audrey, 15n, 25n
ritueel, 18, 26, 29, 37-44, 63; *vgl. ushwana*, heiligdom, Watchtower
Rook (Nk. *Wishe*), clan, 64; *vgl.* Bijen-clan

schertsrelatie, 64-65, 134n; *vgl.* clan, *nkaka*
Schism and Continuity in an African Society (Turner), 18
schoonfamilie, zie aanverwantschap
senioriteit, 54, *vgl.* junior
seriële polygamie, 60-61, zie ook polygamie
Seur, Han, 80, 16n, 79n
Shabizi, 19, 66, 73
Shakupota, 93, 99
Shalabila, 77
Shamamano, *Mwene* Kahare, 46, 62, 65-66, 76, 98; zijn afstammelingen, 65, 77
Sheets, J.W., 97n
Shelonga, zie Edward
Sheta, clan, 54
Shikalu, 54
Shikanda, Lady *Mwene*, 6
Shikwasha, 72-73, 75, 93-97, 99-100, 66n
Shikwe, 93
Shimano, rivier en vallei, 93
Shimbotwe, 100
Shimbwende, 77, 90, 126n
Shimunika, Rev. J., 54n
Shipungu, 61, 66, 69, 75-78, 93, 98-100, 126, 75n, 77n; – -cluster, 66; *vgl.* Nkonde-clan, Kambotwe
Shipungu, *Mwene*, 76
Shipungu, vrouwelijke persoon, 77
shitete, Nk., '(rituele) rietmat', 44; *vgl. ushwana*
Shitunya, 94
Shituwala, 100
Shiyowe, Dennis, 6, 77, 100, 125-126, 88n
Shumbanyama, 6, 62, 66, 75, 77, 90, 94, 98-100; dorpshoofd van –, 6, 126, 126n
Shushewele (Nk. 'Salisbury', thans Harare, Zimbabwe), 39-40, 42-43, 69, 76

sibling, 'broer of zuster', 50-53, 55, 60-61, 71, 86-87, 97; jongere broer of zuster, 57; *vgl.* broer, zuster, *mpanza, mukondo, yaya*
Sichone, Owen, 16n
Simon Chair of Social Anthropology, Manchester, 18
Simons, Jack, 17n
Siteneli, 75, 83
Situwala, 100, 66n
slaaf, slavernij, 54-55, 57, 62, 65, 86, 66n; - -overvallen, 76; slavenhandel, 52n
sororaat, 97 (met definitie)
South Africa General Mission, 81, 98
Spitz, J.C., 90n
stad, stedelijk, stadsmens, 6-7, 16-20, 22, 31, 33, 35-37, 39, 41, 63, 73, 76, 83, 97, 36n; - -plattelandsrelaties, 35; *vgl.* trekarbeid, migratie
Stichting voor Zuiver Wetenschappelijk Onderzoek (ZWO), 7
Stichting Wetenschappelijk Onderzoek in de Tropen (WOTRO), 7
Stille Oceaan, 27n
Stouffer, S.A., 97n
Suriname, Surinaams, Surinamer; Djuka-volk, 52n

Tears of Rain: Ethnicity and History in Central Western Zambia (van Binsbergen), 26, 52, 55-56, 62, 67, 94
The Politics of Kinship (van Velsen), 18
Timuna, *Mwene* Kahare, 46, 62, 98
titel, van volkshoofd, dorpshoofd, koning, 30-31, 38, 61-64, 66, 76-78, 98; *vgl. Mwene*, naam
Tonga,[39] etnische groep in

Malawa, 18
trekarbeid(er), vooral Nkoya, 23, 30, 35, 73-77, 79-82, 87, 17n; - naar Ndola, 73; - naar Lusaka, 74-75; naar Namwala-district, 77, 81; naar Zuidelijk Afrika, 79; *vgl.* migratie
Treuen, Mw M.T., 89n
Tribal Trustland, 68
Tumbika, dorp in de Lubanda-vallei, 72
Tumboka, dorp in de Mpande-vallei, 94
Tumpoka, dorp in de Luampa-vallei, 99
Tunesië, noordwestelijk - , 6, 32n
Turner, Victor W., 18-19

Universiteit, Leiden, 6, 37n; - van Amsterdam, 6
University of Zambia, Lusaka, 6, 18, 79
ushwana, naamverervingsritueel, 37-40, 42-44, 56
uxorilocaal, bij huwelijk gaat het jonge paar op de plek van de echtgenote wonen, 75, 85-86, 94

van Binsbergen, Dennis, 6
van Binsbergen, Nezjma, 6
van Binsbergen, Patricia M.M., 7
van Binsbergen, S.N.Shikanda, 6
van Binsbergen, Wim, 6-8, 21, 34, 42, 53, 59, 64, 76, 86, 90, 17n, 20n, 22n, 25n-27n, 32n, 34n, 36n-37n, 52n, 58n, 67n-68n, 79n, 97n
van der Veen, Klaas, 6, 15n
van Rijn, Henny E., 6
van Teeffelen, T., 17n
van Velsen, Jaap, 18, 15n, 17n
veebezit, 27

Verenigd Koninkrijk, zie Groot-Brittanië
Verenigde Staten van Amerika, 79
verwantschap(pelijk), 6-8, 15-23, 30, 34, 36-38, 41, 50-54, 56-58, 61-62, 65, 67-68, 71, 80, 83, 89-90, 100-101, 52n; - -politiek, 16, 22, 30-31, 41; - -scluster, 31, 34, 89; - -sketen, 98-99; - -snetwerk, 24, 96, 98; - -ssysteem, 31, 33, 50, en specifiek van de Nkoya 56-58, 60; - -stermen, - -terminologie, 41, 38, 57-59 (Nkoya), 64-65; - en zingeving, 41; en huwelijksrelaties, 56
vestiging, 18-19, 23, 30, 46, 50, 54, 61-63, 65, 75-76, 78, 81, 83, 85-88, 90, 100, 17n; - -spatroon, 6-8, 17, 41, 76, 80, 82, 85; - -sgeschiedenis, 21-23, 45, 66-68, 71-72, 83, 97-98, en specifiek van het dorp Mabombola, 67-68, 71; alternatieven, 30, 61, 75, 87-88, 90; verhuizing, residentiële dynamiek, 37; vestigings- en verwantschapsonderzoek, 19; en verwantschappelijk leiderschap, 18; *vgl.* uxorilocaal, virilocaal, migratie, huwelijk
Victoria University, Manchester, Verenigd Koninkrijk, 18
Victoria-watervallen, 16
Village Registration and Development Act (Zambia), 29
virilocaal, bij huwelijk gaat het jonge paar op de plek van de echtgenoot wonen, 85-86; *vgl.* uxorilocaal
visserij, 67
volkshoofd, *vgl.* vorst, dorpshoofd, *Mwene*
von Oppen, Achim, 16n
vorst, 45; - -enhof, 45-46, 26n, 66n, en specifiek van *Mwene* Kahare, 4, 19, 45,

---

39 Zuidelijk Centraal Afrika kent nog diverse andere etnische groepen onder deze naam, ook binnen Zambia zelf (de aan de Ila verwante Tonga van Southern Province hebben een schertsrelatie met de Nkoya).

98; niet-vorsten, 67
Vorster, MD, J., 19
vrouw, 6, 23, 26, 28, 31, 37, 39, 44, 57, 63-64, 68, 71, 75, 79-82, 85-89, 92, 94, 97, 99, 20n, 25n, 133n; vgl. huwelijk, uxorilocaal, bruid-

W, 'echtgenote'
Wahila, 78, 94, 99
Watchtower, 23, 63, 73, 79-82, 20n, 79n; – in Mabombola, 80; vgl. hekserij
Watson, Bill, 15n, 36n
weduwe, weduwnaar, 39, 44, 94, 97
Wene, Nk. 'vorstschap, volkshoofdschap, dorpshoofdschap', 55; vgl. Mwene
Werbner, Richard, 18,17n
Western Province, Zambia, 18, 26-27, 26n; vgl. Barotseland, Lozi, Litunga
Westers, term verwijzend naar de cultuur van het Noordatlantisch gebied, 26

Wetboek van Strafrecht, Zambiaans, 73
Woolf, B., 90n
World Wildlife Fund, 27n
Worsley, Peter, 15n
WOTRO, zie Stichting Wetenschappelijk Onderzoek in de Tropen

Yakata, 60, 75, 90
Yange, rivier en vallei, 46, 50
Yani, 75, 89
Yanika, 66, 93, 96
Yasutoshi Yukawa, 25n
yaya, Nk. 'oudere sibling', 6, 51, 57-58
Yinoki, 72, 81
Yosamu, 61-62, 73, 80-81, 83, 94

Z, 'zuster', zie aldaar
Zambezi, rivier en vallei, 16, 27n
Zambia, Republiek – , Zambia(an(s)), 5-8, 16, 18-19, 23, 26, 23, 35-36, 50, 52, 73, 76, 79-81, 15n, 25n-26n, 36n, 68n; noord-westelijk – , 18; westelijk – , 5, 19, 29; zuidelijk – , 46, 134n

ZD, 'zusterdochter', 75
zending, 24, 98; vgl. South Africa General Mission
ZH, 'zustersechtgenoot', 65
Zimbabwe, 16
zingeving, 41; vgl. ritueel, ushwana, ideëel dorp
Zoeloeland, koloniale provincie in Zuid-Afrika, 17n
ZS, 'zusterszoon', 86
Zuid-Afrika(an)(s), 68, 17n
Zuid-Rhodesië, koloniale naam voor Zimbabwe, zie ook aldaar, 16
zuster, primaire verwantschapsterm, 41, 72-73, 75, 82-83, 97, 100, 66n, zie ook sibling, mpanza, yaya, mukonzo,
ZWO, zie Stichting voor Zuiver Wetenschappelijk Onderzoek